未发现的自我

UNDISCOVERED SELF

〔瑞士〕卡尔·古斯塔夫·荣格——著 邓小松——译

中央编译出版社
CCTP Central Compilation & Translation Press

图书在版编目（CIP）数据

未发现的自我／（瑞士）荣格著；邓小松译. —北京：
中央编译出版社，2018.10（2025.3 重印）

ISBN 978-7-5117-3514-0

Ⅰ.①未… Ⅱ.①荣… ②邓… Ⅲ.①精神分析-
研究 Ⅳ.①B84-065

中国版本图书馆 CIP 数据核字（2018）第 007161 号

未发现的自我

责任编辑：	王丽芳
责任印制：	李 颖
出版发行：	中央编译出版社
地 址：	北京市海淀区北四环西路69号（100080）
电 话：	（010）52627391（总编室） （010）52627312（编辑室）
	（010）52627320（发行部） （010）52627377（馆配部）
经 销：	全国新华书店
印 刷：	佳兴达印刷（天津）有限公司
开 本：	880 毫米×1230 毫米 1/32
字 数：	125 千字
印 张：	7
版 次：	2018 年 10 月第 1 版
印 次：	2025 年 3 月第 11 次印刷
定 价：	58.00 元

新浪微博：@中央编译出版社　　微　　信：中央编译出版社（ID：cctphome）
淘宝店铺：中央编译出版社直销店（http://shop108367160.taobao.com）（010）55627331

本社常年法律顾问：北京市吴栾赵阎律师事务所律师　闫军　梁勤
凡有印装质量问题，本社负责调换，电话：（010）55627320

hiranyagarbha

dieß is d· hl· waßgieß· aus d· vicum· viu· d· leibe d· drach· entspricß· /wachß· die kabir· v· d· tempel.

目 录

译者序　　/ 001

I　未发现的自我

第一章　个体在现代社会中的困境　　/ 003

第二章　与大众思想相抗衡的宗教　　/ 015

第三章　西方国家在宗教问题上的观点　　/ 025

第四章　个体对自身的了解　　/ 033

第五章　对生命的哲学解析和心理学解析　　/ 055

第六章　自我认知　　/ 070

第七章　自我认知的意义　　/ 085

II　符号与梦的解析

第一章　梦的意义　　/ 093

第二章　潜意识的功能　／ 110

第三章　梦的语言　／ 121

第四章　梦的解析中的类型问题　／ 141

第五章　梦的象征之原型　／ 157

第六章　宗教象征的功能　／ 184

第七章　治愈分裂　／ 197

译 者 序

自从《金花的秘密：太乙金华宗旨〈慧命经〉原文及其英译》翻译出版之后，陆续有读者来信说比较晦涩，就连身边对心理学或心灵现象感兴趣的朋友也有类似的反映。我选择这本《未发现的自我》翻译，原因有二：一是我对梦、象征及其与潜意识的关系一直饶有兴趣，且日渐浓厚。二是本书非常通俗易懂。我认为这是荣格巨大体量著作中最通俗易懂的著作之一，是了解人类潜意识的入门之作。书中的一大亮点是对梦的分析与解读。在出版之前，和中央编译出版社的王女士进行了沟通，对原著的顺序做了一个小小的调整。原著的《符号与梦的解析》和《未发现的自我》调换了一下顺序，这样做是考虑到现在人们的生活节奏很快，希望这样调整后可以直奔主题。

从 10 年前接触荣格开始，我一直试图把荣格的理论和方法介绍给中国读者。这几年国内关于荣格的各种著作的翻译出版越来越多，对他研究关注的学者和心理工作者也越来越多。希望这本书的出版能够对大家了解荣格理论，了解自己的内心世界有所帮助。

人类的心理活动是复杂的。大多数人所感觉到的自己的心灵基本是由自己能意识到的部分构成，我们自认为对自己的心理是了解的，尽管我们关注的只是我们可以意识到的一些心理活动。我们错误地认为，对自己的心理活动不能做到尽在掌握也至少不会有什么大的差错。我们开始对潜意识的关注要感谢弗洛伊德，是他引导大家更深入自己的内心。他认为人类是有潜意识的，潜意识中包括各种情结，比较著名的是恋父或恋母情结，等等。这些情结在我们没有觉察的情况下无时无刻不对我们的日常生活产生影响，这样的例子不胜枚举。弗洛伊德认为潜意识里面的情结不外乎两类，不是对不喜欢的事情的压抑就是对渴望的事情的一种补偿。他开始分析梦，因为梦为我们提供了潜意识的信息。当通过对患者梦的分析，病人的情结被发现的时候，病人的心理问题就容易解决了。问题是，通过持续不断地讲述梦，分析到最后，

译者序

总能找到过往生活中的创伤,或者是童年生活,甚至是出生之时的一些痛苦经历,必定可以找到某情结。通过还原,问题似乎得到解决。这时病人大哭一场,治疗时间结束的时候,走出诊室,新的人生开始了。荣格在与弗洛伊德合作的过程中发现,用自由联想的方法分析梦,最后总是可以得到心理医生想要的结果,某些情结一定会被发现,但这些情结并不是问题之所在。刚刚结束治疗时,患者像打了鸡血一样,容光焕发,但之后就又被打回原形了。

荣格发现,人类的潜意识下面,还有一层更深的心灵力量,荣格称它为集体潜意识,有时也被翻译为集体无意识。他发现人们经常做的梦有共通的主题,无论做梦的人是西伯利亚的农妇还是麻省理工的数学教授,他们都会梦到相同的内容,比如曼陀罗图案,某些宗教象征,等等。往往这些主题都与远古的神话主题一致,往往是宗教的。全人类对人生基本主题的理解是一致的,比如英雄、亲情、爱,无论你来自何方。荣格给这些主题起了一个名字,叫作原型,而包含所有原型的意识层面就是集体潜意识。集体潜意识是心灵的基础,在这一层面,全人类共享同样的内容,无有差别。人类的心灵是有记忆的,远古最初的人生体验深深地埋在我们的心灵深处，构成人类共同的心灵基础，并一代代地传承下来。集体潜意识对我们的心灵有着绝对的控制力，但又不留任何痕迹。人类所有的心理问题，归根到底都是集体潜意识发动的。人类的意识，我们通常所说的意志力，自由意志，是近代的产物，经历了漫长的进化过程。意识越成熟，就与我们共同的根——集体潜意识越远。集体潜意识是活跃的力量，无时无刻不在向我们传递着信息，当这些力量过大，干扰了我们的新朋友——自我意识的正常运作的时候，心理问题就产生了。我们的意识就像聚光灯，只能在一个时间段聚焦一个点，其他都留在黑暗中。这种专注力达成了我们伟大的现代文明，但也使我们付出了巨大的代价。现代人的心理问题与古人没有差别，只是我们的心灵已经失去了所有的保护，意识把我们的心灵抛尸在无边的旷野，任凭风吹雨打。我们并不需要回到原始生活状态，而我们要研究梦的原因，就是因为梦里包含了潜意识的信息，可以帮助我们了解潜意识内容，达到意识与潜意识的平衡，而不会被潜意识吞噬或干扰。

释梦，是一门古老的学问。从某种意义上说，荣格是释梦师，是这门古老学问的现代集大成者，这一点可以从他自己的梦境中看出来。为什么只有梦有着潜意识的最直接的信息呢？为什么不分析其他的心理现象呢？因为梦介于深深的无梦睡眠与清醒状态之间，在这个状态下，清醒意识的作用最低，不可以像在清醒状态，可以轻松抵制潜意识的力量。正如荣格所说，梦是意识与潜意识的桥梁。潜意识的内容可以在做梦状态下，在意识最薄弱的时候，突破意识的防线，进入我们的视野。但梦的语言是难懂的，支离破碎，不合逻辑，有时简直是荒谬的，经常与我们的现实生活完全不符。那是因为，这些内容从潜意识传递过来时，经过了意识的检查与过滤。它们只有乔装打扮，才可以顺利过关。所以，梦境的内容都是，百分之百是象征性的，而不是直截了当的。也就是说，不是一种直接的表达，而是绕了好几个弯。比如，你很快会遇到你生命中的贵人，你会梦到在山中行走，遇到一只大老虎；你梦到装修房子，其实房子一般代表个人的内心世界，而不是说你很快要买房了。这个梦说明你的心里正在发生巨大的改变，而如果梦到这个房子里有很多水从外面流进来，一般这些水代表财富。梦的表达永远是象征性的，这些仅仅是几个例子。每个梦境都因人而异，不能一概论之，所以总结出版一本梦境词典可以随时查阅基本是不可能的。

但有一点可以确定的是，不要忽视梦，简单地认为它是睡眠的副产品，一种生理现象。梦是潜意识的信使！当然，不是所有的梦都是信使，有时候你梦到吃东西就是因为你晚饭没吃饱，或者尿急时梦到到处找厕所。我记得多年以前读到一个故事：一个比利时的数学家在自己的枕头边放了一支笔和一张纸，准备随时记录自己的梦境，抓住里面的灵感。一天半夜醒来，他很激动地记下了自己的灵感。第二天醒来后，发现自己写下来的是一个公式：香蕉皮的表面积永远大于香蕉本身的表面积。但是，有过这方面经历的读者朋友会知道，如果是预示性的梦，你绝不会忘记，而且往往发生在凌晨。另外，想再补充一点，如果梦到在天上飞，可能说明你生活中压力比较大或希望被重视。

　　以上内容是对本书背景一个简单的介绍，希望对大家的阅读有所帮助。

I
未发现的自我

第一章　个体在现代社会中的困境

未来是什么样？人类一直在思考这个问题，由古至今，程度各异。纵观历史，在经历肉体疼痛、政治不兴、经济萎靡和精神困顿时，人类尤为焦灼地寄希望于未来，各种无妄的猜测、乌托邦的思想以及有关灾祸的预言四处流传。例如基督纪元之初奥古斯都时代的千禧传说，伴随着第一个千禧年的结束，西方精神世界发生重大改变。而今，第二个千禧年将至，人类再次陷入宇宙毁灭的精神恐慌。以"铁幕"演说为标志，人类被分裂成两大阵营，这种分裂意味着什么？氢弹爆炸，整个欧洲的精神和道德被国家专制主义的阴影笼罩，人类的文明和自身发展将面临着怎样的前景？

我们绝不能轻视这种威胁。西方世界少数颠覆分子无处不在，在人道主义和正义感的庇护下，传播煽动性思想。只有整个社会形成一股具有高度智慧的且坚不可摧的人类力量才能与之对抗。然而，这种力量的凝结不容乐观。因国情不同，国家差异巨大。很多地区取决于公共教育的程度，政治因素和经济情况也会对其产生剧烈的影响。以公民投票来说，能达到40%的选票就已经很乐观了。然而悲观的是，人类不善于理性和批判性反思，甚至常显犹豫不决和变化无常。通常来说，政治团体越大，情况越是如此。大的团体碾压个体身上还幸存的洞察和思考，这就势必导致教条主义和独裁暴政，即使立宪国家也不能避免。

只要人类的情绪在既定情境下不超过某种临界点，理性的争辩仍可进行并有望取得成功。而如果情绪一旦升温，超过临界点，理性的作用就荡然无存，取而代之的是口号和虚幻。也就是说，一种集体思潮会产生，从而迅速发展成一种精神流行病。在这种情况下，所有被理性法则仅仅容忍为反社会的因素都会浮出水面。这类个体，在监狱和疯人院里绝不是异类。据我估计，有一例显性精神病患，就有至少十例隐性病患，他们的病情虽然很少会公开爆发，但他们的想法和行为，尽管表面上看起来很正常，却都不自觉地受到病态和反常的影响。出于可以理解的原因，我们没有关于隐性精

第一章 个体在现代社会中的困境

神病患发病率的医学统计。然而,值得重视的是,即使隐性病患对显性病患(和显性罪犯)的比例不到一比十,他们只代表较小比例的人口数,但他们的危险性却异常的高。他们的精神处于一种集体兴奋状态,受情感判断和幻想的支配。在"集体所有"的精神状态下,他们顺应自如,如鱼得水。他们从自身的经验中掌握了这种状态的语言,并且知道如何去操控它。他们那些虚妄的想法,被狂热的怨恨所鼓噪,激发了集体非理性并从中找到温床,因为这些虚妄的想法揭露了大多数正常人隐藏在理性与洞察力外衣之下的所有动机和怨恨。因此,尽管在总人口数中占比极小,但作为传染源,这些隐形精神病患尤为危险,因为那些所谓的正常人对自我的认知相当有限。

大部分人以为"自我认知"就是对可意识到的自我的认知。一个有自我意识的人理所当然地认为自己了解自己。但是,自我只了解其自身的内涵,而对潜意识及其内涵一无所知。人们总是通过常人在社会环境中对他们自己的了解来衡量自己的自我认知,而不是根据大部分被隐藏的真实的精神层面的东西。在这方面,精神如同其他有生理结构和组织结构的人体构造一样,常人对之了解甚微。虽然人们生活在精神构造之中，并与之并存，但是，作为凡夫俗子的常人对其一无所知。因此就需要有专门的科学知识来帮助意识去了解那些身体已知的，更不用说那些未知的但同样存在的构造。

这种通常被称为"自我认知"的精神层面的知识，大部分由社会因素决定，人们对之认识有限。因此，人们一方面带有偏见地认为这样或那样的事情不会"发生在我们身上"或"我们家里"，也不会出现在我们的亲朋好友中；一方面凭空认定，那些旁人所说的存在的那些事情只是用来掩盖客观事实的。

潜意识，不受意识的批判和控制，在这片广阔的精神地带，我们对各种各样的精神感染和影响毫无防御。精神感染，就如其他危险一样，只有当我们知道这个危险是什么，它将如何攻击我们，以及何时何地进行攻击，我们才有可能与之抵抗。自我认知是对于个体事实的认知，理论在这方面就毫无用处。因为理论是认知普遍有效的，它对普遍有效性的认知越强，它对个体的认知能力就越低。理论基于经验之上，具有统计性，也就是说，它制定了一种理想化的平均值，把所有其他不在平均值范围内的异类全都抹掉了，而都用平均值以概之。这种平均化方法非常有效，然而它在现实中并不一定存在。尽管如此,但它在理论上仍是无懈可击的。那些被排除在平均值两头的异类,虽然也是真实存在的,但未在最终的结果中出现,因为它们相互抵消了。举个例子,我知道一堆鹅卵石中每块石头的重量,并得出它们的平均重量是145克,但这对我了解这些鹅卵石的真实属性没有任何意义。如果有人认为,根据上述平均值,他能一次就挑中一块145克的鹅卵石,那他一定会失望而归。事实上,无论他寻觅多久,他都永远不可能找到一块正好是145克的鹅卵石。

统计法展示的是理想化平均状态下的事实,但不是经验现实下的事实。用统计法来描述一个不争的事实,就会偏离真相,产生错误。基于统计学之上的理论亦然。真相的特点往往是其个体性。由此可以认定,事实真相包含了很多规则外的特例,绝对的真相因此具有显著的不规则性。

当我们讨论用一种理论指导我们进行自我认知时,任何时候都需要记住以上的观点。以理论假设为基础的自我认知是没有的,也不可能有。因为认知的对象是个体——是一个相对的特例和一种不规则的现象。因此,普遍性和规则性不是个体的特点,个体的特点是独特性。人,不是一个周期性的物体,如上述分析,人的独特性和唯一性是不能被了解,也不能与其他个体相提并论的。同时，人类作为物种之一，可以而且必须被当作一个统计单位，否则关于人类的普遍性就无从描述了。出于这个目的，就必须把人类当作一个可比较的物体来研究。因此就有了具有普遍有效性的人类学或心理学，把人类当作一个抽象的概念，一个被平均化的对象，抹去了所有的个体特征。但这些个体特征正是了解人类最为重要的因素。如果我要了解人类的一个个体，就必须放下所有关于人类普遍性的科学知识，摒弃所有理论，而采取全新的、不带任何偏见的科学态度。我必须要有自由、开放的思想才能了解人类，而关于人类的知识或对人的性格的洞察都是以所有普遍的人类的知识为前提的。

现在，不论是了解个体的人，还是进行自我认知，我都必须将所有理论假设抛诸脑后。科学知识不但受到普遍的尊崇，而且在现代人眼里，它还被当作唯一的智力和精神权威。了解人类个体迫使我必须对"无上至尊"的科学知识视而不见。这其实需要做出一定的牺牲，因为科学态度不是那么容易就能将自身背负的责任感去除的。如果一位心理学家同时也是一名心理医生，他不仅想要对病人进行科学分类，他还想将病人当作一个人来对待。这种职业责任的矛盾令人不堪

第一章 个体在现代社会中的困境

其扰,一方面要面对两种完全对立、互相排斥的学术态度,一方面要去了解病人。这种矛盾不可能通过择一而行的方法来解决,而只能通过一种双向思维来解决,即边做边看,两者同时兼顾。

原则上,用科学知识进行判断的优点对于用来了解病人不利。由此来看,两种方式做出的判断很可能会是悖论。用科学知识做出的判断,个体只是一个重复性的、循环反复的单元符号,甚至可以用字母表中的一个字母来表示。而通过了解病人做出的判断,个体是独一无二的一个人,摒弃那些对科学家来说无比重要的一致性和规律性,个体的人是最高级的、唯一的且真实的研究对象。心理医生,应该尤其注意到这种矛盾。一方面,科学的训练使他接受统计学给出的事实,另一方面,他面临要治疗这些病人,尤其那些饱受精神折磨的病人,特别需要对其个体进行了解。治疗手段越有科学章法,病人越会产生抗拒,治疗就越会受阻。心理治疗师备感压抑,对于是否应珍视病人的个体性并据此安排相应的治疗方法心存疑虑。当今整个医疗界认为,医生的任务是治疗病人,而不是治疗一个抽象意义上的病。

医学领域的例子,只是整体教育和培训问题中一个特别的例子。科学教育主要是建立在统计学真理和抽象知识基础上的，因此，它向人类呈现了一个不真实的、理性的世界，而个体在其中只是一种边缘化现象，不发挥任何作用。其实，个体是一种非理性的论据，是现实真正的、可靠的载体，与科学论述中所说的不真实的、理想化的或者"正常"的人不同，是实实在在的具体的人。更有甚者，大多数自然科学在阐述他们的研究成果时，完全忽视人的心智这一不可缺少的因素在研究中的参与，仿佛这些成果没有人的介入就可以存在。（只有现代物理学例外，它承认科研结果不是独立于科研者而存在的。）在这方面，科学在描述这个世界时也将真正的人的心智排斥在外，这刚好与"人文学科"相反。

在科学假设的影响下，人类的精神世界以及个体的人，事实上还包括所有个体的事件，无论什么，都被调匀了，概念被模糊，真实性被曲解，一切都变得概念化和平均化。我们不应低估统计世界的这种心理效应：它拒绝个体化，而趋向看到一个个无名小卒堆积起来形成集体。区别于具体的个体，各种集体（或组织）有各种名称，其中，最高级的组织名称就是"国家"这一政治现实原则下的抽象概念。个体的道德责任也不可避免地被国家政策所取代。个体也没有了道德和脑力上的差异化,而均享公共福利和生活标准的提高。个体生活(唯一真正的生活)的目标和意义不再只存在于个体的发展,还有赖于国家政策。国家政策从外部强加于个体,用一种抽象理念的执行将所有生活的方面都最终吸引到政策之中。个体如何过自己的生活的道德决定日益地被剥夺了,被当作一个社会单元被统治,被给予衣食和被教育,根据相应的标准拥有住房,连娱乐也取决于群体的愉悦和满足标准。统治者,同样也作为社会单元被统治着,唯一不同的是,他们是国家教义的喉舌。他们不需要是什么有判断能力的人物,只在所属事业范围以内是十足的专家。国家政策决定什么是可以教授和学习的。

表面上无所不能的国家教义本身,被那些在中央集权的政府部门中身居要职的官员以国家政策的名义所操纵。无论何人,无论他是经选举或凭偶然而身居高位,他便不再屈从于其他更高的权威,他即是国家政策的化身,在其势力范围内自由裁断一切。路易十四说:"朕即国家。"他因此是唯一的,至少是少数几个可以利用他们的个体性的人之一,因为只有他们明白如何不把自己置于国家教义之下。然而,他们更像是自己虚构故事中的奴隶。这种权倾一世总会让世人在心理上产生潜意识的颠覆倾向。有奴役，就有反抗，两者相互关联，不可分开。因此，对极权的对抗和极度不信任便从上到下地弥漫于整个体系。此外，为了安顿混乱无序，群众中总要产生出一位"领袖"，而这位领袖又都不可避免地沦为膨胀的自我意识的牺牲品。历史上，这样的例子举不胜举。

当个体与集体结合时，个体把自我淘汰了，这种发展在逻辑上不可避免。广大群体的聚结令个体泯然于众，除此之外，科学的理性主义剥夺了个体存在的基础和尊严，也是产生这种心理上的集体思维的主要因素之一。作为一个社会单元，个体丧失了自己的个体性，而变成了统计局发布的一个抽象数字，只能扮演一个无足轻重的、可以互换的角色。以理性的眼光或从外部来看，个体其实从来就只是那样，从这一点来说，要继续谈个体的价值和意义似乎都非常荒唐可笑。事实上，当反面的事实如此显而易见时，你都很难想象个体怎么会被赋予如此多的尊严了。

从这一观点看，个体的重要性确实在减少，任何想要就这一观点力争的人都会在争论中败下阵来。一个人觉得他自己，或者他的家庭成员，或者他的圈子里受人尊敬的朋友很重要,这事实上只是让他看起来有些主观和可笑。如果与一万、十万乃至成千上百万的其他人相比,这几个人又算得了什么呢?这让我想起,我此前与一位有思想的朋友在人群中偶遇并有一场争辩。他突然大声对我说:"在此你找到了最令人信服的理由来说明你不相信永恒:所有的一切都想要永恒!"

群体越大,个体就越变得渺小。但是,如果个体被自己的弱小无助感所压倒,感觉生活失去了意义,毕竟个人的生活不能与公共福利以及更高的生活标准相提并论,那么他就已经踏上了通往国家奴役的道路,即使不了解也不想要,他也已成了国家奴役的顺徒。一个只是往外看,而且在大庭广众面前畏缩不前的人,不会与他的感觉和理智做任何斗争。但那正是今天所发生的一切:我们都被统计真理和庞大的数字所迷惑和震慑住了,而且每天都被告知,人的个体性没有价值、没有意义,因为没有任何群众组织能代表和展现它。相反,对于不加批判的公众来说,那些在世界舞台上能露脸、能发声的大人物们,与生俱来就会引领群众运动或是公众思潮,正因如此,他们或受人爱戴,或被人唾弃。大众的建议在这里起了主要作用,他们传达的信息究竟是负责的自己的心声，还是仅仅作为群众思想的扩音器呢？这仍然是个争论未决的问题。

　　在这种情况之下，就也难怪个体对自身的判断越来越难以确定了。责任被最大限度地集体化了，即个体卸下了责任而把责任交给了集体。这么一来，个体就越来越成为一个社会功能，而反过来，这个社会功能又剥夺了个体作为真实生活载体的功能。然而，实际上，社会成了如国家一样的抽象观念。社会和国家都被实体化了，也就是说，社会和国家都变得有自治性。尤其是国家，变成了一个准生命实体，人们对之充满了各种期待。而现实中，国家只是一个伪装，被那些知道如何操纵它的个体们所操控。因此，立宪国家也就渐渐变为原始形态的社会，即原始部落的共产主义，每个人都必须顺从一位酋长或者一个寡头政体的独裁统治。

第二章　与大众思想相抗衡的宗教

为了使主权国家的统治幻想，或者说主权国家操纵者的统治幻想，得以挣脱各种合理的束缚，一切旨在实现这一理想的社会政治运动都试图将宗教对人类的影响斩草除根。因为要把个体变为国家功能的一员，就必须铲除个体赖以依存的其他外物。而宗教正是人类对个体体验中非理性事实的依赖和服从。这些非理性事实不是直接指社会和身体状况，而是更关乎精神态度。

这种精神态度只有在生活的外界环境之外存在一种参照物时才得以显现。宗教所给予的或宣称可以给予的正是这样一种参照物，从而使个体拥有判断力和决定权。这就仿佛建立起一块保护区，帮助生活在外界环境之下的人类，对抗人人都会面对的显著的却又不可回避的环境压力。他们除了宗教提供的这片保护地，无处可依。如果统计的现实是唯一的现实，那便成了唯一的权威。只有这一种权威的情况下，既然也不存在其他对立的权威，那个体所拥有的判断力和决定权不仅没必要也是不可能的。那么个体就势必成为统计现实功能的一员，因此也就是国家功能的一员，或不管叫什么名字的制度之抽象原则功能中的一员。

然而，宗教教给人类另外一种与"现实世界"对立的权威。个体对神的信仰的教义对人类有着极高的要求，如同现实世界对人类也有着同样极高的要求一样。有时，甚至会出现这种情况：教义要求的绝对性使人疏离现实世界，同样的，当个体屈从于集体心理时，他也将自我疏离。在前一种情况里，为了维护宗教教义，个人可以丧失判断力和决定权，在后一种自我疏离的情况里，个人也同样可以丧失这两者。这就是宗教所公开追求的目标，除非宗教向国家妥协。而一旦宗教向国家妥协了，那么与其称之为"宗教"，不如把它叫做"信条"。所谓信条，表达的是某种确定无疑的集体信仰，而宗教一词，则表示着人与现实的某种具有形而上

第二章 与大众思想相抗衡的宗教

的、超越世俗因素的主观关系。信条是一种主要着眼于现实世界的信仰,因此是一种入世的东西;而宗教的目的和意义却着眼于个体与神的关系(基督教、犹太教或伊斯兰教),或是个体与拯救和解脱的关系(佛教)。所有的伦理学都来源于这一基本事实,没有个人对神的责任感,这些伦理学只能称作传统道德。

由于向世俗的现实妥协,信条便不得不相应地将自身的观点、教义和俗定不断整理汇编,这样做使之更具体化,进而使本身与超越现世之外的参照物之间鲜活的关系和直接的冲突,这些真正的宗教元素退居幕后。宗派立场用传统教义的标准来衡量主观的宗教关系的价值和重要性,虽然不是很常见,如新教,一旦有人宣称他受到神的意志的指引,他的耳边便马上就充斥着各种虔信主义、宗派主义、宗教怪癖等言论。一个信条,与英国国教的形成恰好一致,或者至少也会形成一个公共机构,其成员中不仅有忠诚信徒,还有许多对宗教"中立"之人和只是出于习惯才信教的人。这样一来,信条与宗教之间的差异便一目了然了。

因此，信奉一个信条，绝不是一个宗教问题，而常常是一个社会问题。正因如此，信条不为个体提供任何根基。出于这个原因，个体不得不完全依靠与权威的关系，尽管权威是不属于这个世界的。这里的标准并不是为了某种信条的口头许诺，而是一个心理事实，即个体的生活不只由自我及其观点决定，也不只由社会因素决定，而更多的是，即使不完全是，由超群的权威决定的。奠定个体的自由和自主基础的，不是道德原则，无论它有多高尚；也不是教条，无论它有多正统；而完全是经验的认知。这种认知是一种无可争议的经历，是个人与超越尘世的权威间强烈的个人互惠关系，是对"现世"和"理性"的抗衡。

这种说法既不能取悦大众群体，也不能取悦于信徒群体。对大众群体来说，国家政策是思想和行动的最高原则。事实上，这正是大众群体被教化的目的。因此，大众群体只允许个体在成为国家功能的一员时才能存在。而信徒群体呢，他们承认国家对其具有道德上和事实上的要求权的同时，还相信统治他们的大众群体和国家需服从"神"的旨意。如有疑义，最高的决定将由神做出，而不

第二章 与大众思想相抗衡的宗教

是国家来做出。我不想故弄玄虚地做评判,我把这个问题留给大家去思考——"世界"(这里指大众群体的现象世界乃至整个自然界)是不是神的对立面?在这里我只指出一个事实,这两个领域在心理上的对抗不仅在《新约圣经》中有所体现,而且即便是在今天,还能从独裁国家对宗教的否定态度以及教会对无神论和唯物主义的否定态度上清楚地看到。

人作为一种社会存在,不能长期脱离社会而存在,因此,个体如果不能找到一种可以使外界强大影响力相对化的超现实原则,就永远不可能从其他任何地方为自己的存在和自我的精神与道德自主权找到现实的理由。灵魂未寄托于神的个体以自身的力量无法抗拒世界对肉体和精神的诱惑。因此,他需要一种超凡的内心体验的证明,这种体验足以使自己不至于不可避免地陷入来自其他方面的大众意志的影响。仅仅是从智力上或甚至从道德的观察上认定大众是愚蠢和缺乏道德责任感的,不过是对大众做了一个负面的认知,而自己却摇摆地走在通往个体原子化的道路之上。这种认识缺乏宗教信仰的驱动力,因为它只是一种理性意识。独裁国家胜过资产阶级的地方在于，他们将个体连同其宗教动力一并吞没。但是，如果不是让人对宗教产生了内心的怀疑，宗教的功能也不会这样被破坏和篡改，结果宗教被迅速压制，不被允许与大众心理流行趋势相对抗。在这种情况下，结果往往被狂热极端信仰所过度补偿，狂热极端信仰反过来成了消灭与之对立的冷静信仰的武器。自由的观点被抵制，道德决定被无情地压制，其借口是只要目的正当，可以不择手段，哪怕是最卑劣的手段。国家政策被奉为信条，国家领导或政党头脑被神化，超越了善恶，他们的追随者们也都被奉为英雄、殉道者、使徒和传教士。他们即是真理，只此一个，别无其他，且神圣不可侵犯，不容批判。任何意见与之相左之人则成为异教徒，一如我们从历史上所知，会被施以各种严酷的折磨。只有手中掌握着政治权力的政党头脑，可以用对他们有利的方式来解释什么是正统的国家教条。

经过对大众施以法规管束，个体成为社会的某某单元，国家被奉为最高法则，宗教功能也只能被卷入漩涡之中。仔细观察并将某些看不见的又不可控的因素一并进行考

第二章 与大众思想相抗衡的宗教

虑,宗教其实是人类特有的一种本能的态度,这在人类历史上时有显现,延绵不断。它最显而易见的目的是保持人类精神的平衡,因为天然的人类有一种同样天然的"认识",他认为人的意识功能可能会随时被来自内部和外部的不可控的偶发事件所阻挠。出于这个原因,人们总是十分谨慎地认为,任何可能会对自己和他人产生影响的重大决定,都应该用适当的宗教措施来确保无误。人们对无形的权力进行供奉,给予充满敬畏的祷告以及举行各种各样庄严的仪式,进场仪式和退场仪式无时无处不在,其功效被那些不具备心灵洞察力的理性主义者抨击为魔法和迷信。但是,重要的是,魔法是一种心理效应,其重要性不应被低估。"魔法"的显现使相关的人获得一种安全感,而这种安全感正是做出决定所必需的,因为决定在某种程度上难免都会是片面的,因此做决定被认为是一种冒险。即使是独裁者也这么认为,不仅有必要使国家法令处处透着威慑力,而且有必要彰显严厉来付诸实施。军乐队、旗帜、标语、游行和恐怖示威本质上与用来吓跑鬼怪的教会游行、炮轰、烟火等没有区别。只有国家权力默许下的游行会令人产生集体安全感，不像宗教示威，它对内心的魔鬼信仰不提供保护。因此，个人必须更加依附国家权力，也即依附大众，从而让自己在精神上和道德上服从它，并最终使自身的社会性减弱。国家，如同教会一样，需要热情、自我牺牲和爱。如果宗教的要求或前提是需要人类"对神有敬畏"，那么独裁国家则不遗余力地制造必要的恐惧。

　　传统坚称理性主义者将矛头直接对准仪式的神奇效果，实际上完全偏离了重点。关键是他们忽视了仪式的心理效应，虽然双方都出于截然相反的目的对之进行利用。至于他们各自的目的，则存在一个相似的情况。宗教的目标，如将人类从邪恶中拯救出来、使之顺从神意、获得来世好报等，变成了世俗的应许，让人不要再为每日的柴米油盐、物质的公平分配、未来的普遍繁荣和更短的工作时间而担忧。这些应许的实现遥遥无期，如同要等到天堂何时能给人类以安置一样。这里强调的一个事实是，大众已经从一个超越现实的目标转换成一个纯世俗的信仰，人们用完全相同的宗教热情以及信条在完全不同的方向上展示同

第二章 与大众思想相抗衡的宗教

样的热情和排他性。

为了不再做没必要的重复,我将不再列举所有世俗的与超脱世俗的信仰之间的相同点,但是我对强调这样一个事实而感到满足,即一直以来便存在的自然功能,如宗教功能,不能用理性主义的和所谓的开明的批判来对待。当然,你可以认为信条里教条化的内容是行不通的,甚至进行嘲笑,但这样做没有意义,并不能影响宗教功能是形成教条的基础。宗教,从认真考虑了人类精神的和个体命运的非理性因素的意义上来说,被邪恶地扭曲后重新出现在对国家和独裁者的神化之中:你可以用一把铁叉将自然万物扔得远远的,但是自然万物还会再次出现。国家领导和独裁者,对时局有正确的权衡,因此尽最大努力掩盖所有与神化凯撒一样太过明显的相同点,并竭力掩藏他们在国家统治幻想背后真正的力量,虽然这当然什么也不能改变。

宗教,一如其所强调的,显示出共同体理想的一面,在教会众所周知的软弱无力的地方,如新教,对"共同体验"的希望或信仰弥补了宗教在社会凝聚力上令人痛心的缺乏。简单易见,"共同体"是大众组织不可分割的援手,也因此成了一把双刃剑。就好像不管有多少个零加起来也不会成为一个单位数一样,共同体的价值取决于组成的个体在精神和道德上的境界。出于这个原因,人们不能期待从共同体身上能产生什么效果,可以超过环境的暗示性的影响——那就是个体身上真正的、根本的改变,无论好坏。这样的改变只有在人与人的接触中产生。

1　由于此文写于1956年春天,苏联曾对此令人反感的事态有过明显的反应。

2　1957年1月补充。

第三章　西方国家在宗教问题上的观点

基督纪元20世纪，西方国家迎来了社会发展，沿用基于形而上学理论的犹太—基督教的道德财富——《罗马法》，且继承了人权不可剥夺的理想。他们时常不安地自问：这种发展何以停滞，乃至倒退呢？嘲笑社会主义是乌托邦理想，并指责他们的经济原则不切实际，都是徒劳无益的。因为，首先，这只是西方社会批判地自说自话，这些论调只有铁幕这一边的西方世界自己可以听到；其次，任何经济原则，只要准备好了应对随之而来的各种牺牲，都是可以付诸实施的。如果像斯大林那样让三百万农民饿死，让数百万工人不领工资地免费劳作，那就可以随心所欲地进行任何社会改革和经济改革。像这样的国家是没有什么社会危机或经济危机可以害怕的。只要它的权力完整，换句话说，只要手中掌握一支训练有素、补给充足的警察部队，便可无限长地保有其统治地位，并且无限大地扩大其权力。这些国家有着过剩的人口出生率，几乎可以任意增加免费劳动力以和西方对手竞争，而毫不顾及在很大程度上依赖于工人工资的世界市场。

至此我们可以看到，只有一种可能性存在，那就是从内部打破这些政权，然而也只能让其遵循自身的内在发展。就现有的安全政策和民族主义反应的危险性而言，当前任何一种来自外部世界的援助都将无济于事。绝对国家拥有一支具有传教感般狂热的军队协助其外交政策事务，同时还依靠第五纵队，在西方国家的法律和宪法下为其提供庇护保障。而且这些拥趸者的集合力量在某些地方甚至非常强大，极大地削弱了西方政府的决策权。反之，西方世界却没有机会对铁幕另一边施加类似的影响。虽然我们的预测可能不假，在东方世界的广大民众间存在一定数量对绝对国家的反对力量，他们中总有正直正义和热爱真理的人民，他们也憎恨谎言和暴政，但是也不能对他们是否能在强大的警察政体下对其他民众产生任何决定性的影响做出结论。

这种形势令西方世界非常不安，不断有人问道：要怎么做才能抵御来自东方阵营的威胁？尽管西方国家具有非常强

第三章 西方国家在宗教问题上的观点

大的工业力量和掌握着巨大的国防能力,但也切不可掉以轻心。因为我们知道,即便是最有威力的军备武器、最重型的工业力量,外加相对较高的生活水平,都不足以遏制宗教性狂热主义散布的精神传染。

不幸的是,西方人到现在还没有意识到这样一个事实:我们满腔热情地诉诸理想、理性以及其他令人向往的美德,只不过是一场虚空。这些追求会被宗教信仰的暴风骤雨所荡涤一空,不管这些信仰对我们来说有多么扭曲。我们面对的不是一个用理性思辨或道德争论可以征服的局面,而是恣意的情感力量和时代精神产生的思想观念可以办到;正如我们从过去的经验中所了解的,这些情感力量和思想观念既不受理性反思的左右,更不受道德训诫的影响。人们已经在许多领域正确地认识到,能够消毒解毒的应该是这种情况下一种不同的、非物质主义的但同样有效的信仰,而且以此为基础的宗教态度也可能是抵御精神传染病的唯一有效的方式。可惜的是,"应该"这个不起眼的词,总是出现在这个相关语境之中,它指出了这种方式在某种意义上的羸弱,即便不是指这种必备能力的缺乏。西方世界缺少一种足以抵御狂热意识形态发展的统一信仰。尽管西方的教会享有充分的自由,但是也不比东方世界更自由或更虚空，而且还不能对政治的广大领域施以什么显著影响。教会作为一种公共机构，缺点是它要同时服务于两方面。一方面，要服务于神，因为其信条脱胎于人与神之间的关系；另一方面，它对国家，也就是对尘世，也要尽一份义务，它要拥护"凯撒万岁……"的口号，还要履行《新约》中各种各样的其他训诫。

从早期直至相对近期的当代就一直存在"君权神授"（《罗马法》第13章第1节）的说法。现如今，这个概念过时了。教会代表的是传统观念和集体信仰，很多情况下许多信徒不再以内心体验为根据，而是依据那些未加反思的信仰。而人所共知，一旦人们开始思考这些信仰时，这些信仰也就很容易会消失。信仰的内容与知识发生冲突，其结果往往是，信仰内容中的非理性因素无法对抗知识的推理。信仰不是人类内心体验合适的代替品，因此当其缺失，即使强烈的信念能够像神恩典的礼物一样神奇地出现，也会同样神奇地消失。人们称信仰为真正的宗教体验，但仍会忍不住去思考，信仰实际是一种次要现象，因为我们首要被灌输的是信任和忠诚。这种体验包含一个明确的内容，可以在不同教派的这些或那些条的信念得到解释。情况越是如此，信仰与知识产生冲突

第三章 西方国家在宗教问题上的观点

的可能性也就越大,而且这些冲突本身是毫无意义的。这也就是说,宗教信条的观点是陈旧过时的,它们充满了令人敬畏的神话象征,如果从字面加以理解的话,那么这种神话象征便会与知识发生令人无法忍受的冲突。但是,打个比方,关于耶稣复活这个说法,如果我们从神话象征意义上,而不是从字面去理解的话,就能有各种不同的解读,这些解读既不与知识发生冲突,也无损这种说法。而从象征意义上理解耶稣复活的对立观点,则会使耶稣永生的希望付诸东流,因为早在基督教出现以前,人类就相信人死之后还有生命,因此也就无需有复活节来确保耶稣的永生。如果从字面上来理解神话,正如教会所告诉的一样,神话就突然变成了一种为人们所抛弃的枷锁、镣铐和桎梏,其危险性远超以往任何一个时代。难道现在不是应该把基督教神话加以象征性的理解,而不是消灭干净的时候吗?

绝对主义声称"上帝之城"由人代表,不幸的是,这与国家"神学"有很大的相似性,而且由依纳爵·罗耀拉从教会权威中所得出的道德结论"目的决定手段",又以一种极其危险的方式把这一谎言当成了政治工具。两者都要求人们对信仰要绝对地服从,因此就剥夺了个人的两种自由:一种是个人在神面前的自由，另一种是个人在国家面前的自由，从而为人类挖好了坟墓。据我们迄今所知，个体脆弱的存在是生活独特的载体，受到了来自精神和物质两方面的威胁，尽管两者都对人类在精神上和物质上各自实现世外桃源有过应许，然而，我们中间有多少人能长期秉持谚语"两鸟在林，不如一鸟在手"的智慧态度呢？除此之外，如我前文所述，西方国家也热爱与东方国家相同的"科学"和理性的世界观，这两者在统计学意义上都有下降倾向和物质主义目标。

那么，在政治上和教派上四分五裂的西方世界，能给现代人提供什么所需呢？西方对这一问题视而不见，而且也拒不承认我们的致命弱点，这对我们没有任何帮助。任何人，只要他学会绝对地服从于一种集体信仰，学会放弃对自由的要求这一永恒权利以及放弃个人的责任感这一同样永恒的义务，他就会坚持这种态度。如果强加于他所宣称的理想主义的是另一个明显"更好"的信仰时，他就能同样轻信和跟风，并同样缺乏批判性地反向而行。不久以前，在一个文明的欧洲国家发生了什么呢？我们谴责德国人已经再次把这段历史忘得一干二净，但实际上我们也不能确定，类似的事件是否就不可能在别的地方再度发生。如果真的再度发生，如果又

第三章 西方国家在宗教问题上的观点

一个文明国家也被那种统一而片面的思想观念所影响，那也不足为奇。战后，美国死死地支撑着西欧的政治形态，实际上，美国也可能比欧洲大陆更加脆弱，因为它采用的教育体系是最易受具有统计真理的科学世界观的影响，而且组成合众国的各色种族也很难扎根在一个实际上没有历史的土地上。如灰姑娘一般的美国，在这种形势下，相反，更急需历史教育和人文主义教育。尽管欧洲也需要人文主义教育，但它却用民族自我主义和具有麻痹性的怀疑主义的方式来挽救自己的衰亡。美国与欧洲也有相同之处，他们都具有物质主义和集体主义的目标，他们又都缺乏那种展现和掌握整个人类的关键要素，即以个体为中心并作为万事的标准。

仅仅这种观念本身就足以在各方面引起最强烈的怀疑和抵制，人们几乎可以断言：与大多数人的价值相比，个人的价值微不足道，这得到普遍的、一致的支持。的确，我们都说这是一个普罗大众的世纪，在这个世纪中，平民就是地球、空气和水的主宰，他们所做的决定将左右着世界上所有民族的历史命运。不幸的是，这幅令人骄傲的、宏伟的人类蓝图，只不过是一种幻想，与真实的现实图景格格不入。在现实里，人类沦为机器的奴隶和牺牲品，而机器侵占人们的时间和空间；人类还被应该用来保家卫国的军备势力所威胁和恫吓；人类的精神和道德自由，虽然在一半的世界里在一定范围内被保障，但也时常在混乱中迷失方向，而在另一半的世界里却已然灰飞烟灭了。最后，为了给这种悲剧注入喜剧，这万物的上帝、宇宙的仲裁者，固执己见，将自己的尊严和自主性弃之如敝屣。他所有的成功和财富没有使他更强大，相反让他更加渺小，就如在商品"公平"分配原则下的工厂工人的命运一样。他用个人财产购买工厂股份；他用自由换来被绑定在雇佣场所这种不确切的幸福；他放弃一切可以提高地位的方法，如果他不愿意被令人疲惫的计件工作所束缚，而如果他露出一点点聪明相，那么便会被灌输政治观点，如果够幸运的话，还会再加入一点技术知识。然而，在他头顶的一片瓦和饲养有用动物的口粮不容轻视，仅有的生活必需品可能会被随时砍掉。

第四章 个体对自身的了解

人类，是一切发展进程的煽动者、发明者和推动者，所有判断和决策的发起者、未来的规划者，却令人吃惊地让自己成为可以忽略不计的量体。人类对自身悖谬的评价这种矛盾，确实令人费解，只能解释成这源于人类判断力的显著的不确定性，或者换个说法，人类对自己来说本身就是一个谜。这就不难理解了，因为人类无法对自身进行比较。人类懂得如何从解剖学和生物学角度区分自己与其他动物，但作为一种有意识、有思考能力和语言天赋的生物，他却缺乏一切进行自我判断的标准。他是这个星球上不能把自己与其他事物进行比较的独特的现象。只有与居住在其他星球的类人类生物建立起联系时，他才可能进行比较，进而认识自己。

在那之前，人类只能继续像隐士一样，虽然知道从比较解剖学来看他与类人猿具有亲缘关系，他又与他的这些亲戚们在精神方面有很大差异。正是由于这种非常重要的物种特性，人类才难以认识自己，人类自身对自己来说至今仍是个谜。当人类与其他同人类构造相似而非同源的生物相比时，人类自身物种内部间对自己了解的差异度就显得意义不大。人类的精神使人类在这颗星球上创造了无数历史性的改变，而这种精神对人类来说却仍然是不解之谜，难以理解，令人迷惑，混乱纠缠，一如大自然所有的秘密一样。有关大自然，我们仍有希望做出更多的发现，寻找到更多难题的答案。但在精神和心理方面，我们急于了解却又踌躇不前，这不仅是因为精神和心理学是所有经验科学中最年轻的一门学问，而且研究难度大，很难取得理想的研究成果。

如哥白尼将人类从地心说的偏见中解放出来一样，心理学也需要一场近乎革命性的、艰苦卓绝的努力将之从神学和偏见中解放出来。这种偏见一方面认为，精神只是大脑生化过程的一种附带现象，另一方面认为精神单纯就是一种个人的事情。与大脑的联系本身并不能证明精神是一种附带现象，即精神不是取决于物理基质生化过程而产生的附属功

第四章 个体对自身的了解

能。不过,我们清楚地知道,精神功能多大程度上会受到大脑可核实的过程的干扰,这一事实令人印象深刻,以至于精神的附属性几乎成了一种不可避免的推断。然而,超心理学现象警告我们必须小心,因为它指出精神因素使时空概念相对化,而这些精神因素对我们在心理物理学心身平行论方面幼稚而草率的解释表示怀疑。这种幼稚而草率的解释,或是哲学的原因,或是智力上的懒惰,把超心理学的一切发现都完全否定了,这绝不是科学的负责任的态度,即使这是一种突破智力困难的常见方法。若要对精神现象进行评定,我们就必须把与它们同时发生的所有其他现象都考虑进去,因此也不能再继续遵循任何一种忽视潜意识和超心理学存在的心理学了。

大脑的构造和大脑生理学无法对人类的精神过程做出任何解释。精神有一种特有的性质,就是它无法被换算成任何其他事物。和生理学一样,精神代表着一种相对独立的经验领域,我们必须给予足够特别的重视,因为它包含了两个必不可少的存在条件,其中之一就是意识现象。实际上,没有意识就没有世界,因为世界只有被人类的精神有意识地反映出来,世界才能为我们存在。意识是存在的前提。如此,精神被赋予了宇宙原则的尊严，从哲学上和事实上来讲，这使精神获得与物质生命原则平等的地位。个体的人是意识的载体，不产生违背自身的精神，相反，人由精神预制成型，被从童年时期就逐渐苏醒的意识所滋养。所以，如果精神具有高于一切的经验主义的重要性，那么个人也理应如此，因为个人是精神唯一的、直接的表现。

这一事实必须被明确强调，原因有二。第一，个人的精神，由于其个体性，异于统计法则之外，因此当它受制于统计学评估的校准影响时，它的主要特征就被剥夺了。第二，只有当精神承认教会的教义，换句话说，只有当精神屈从于集体范畴的时候，教会才认可其有效性。在这两种情况之下，对个体性的希望被看做是自负的顽固。科学把个体性贬作主观主义，而教会则在道德上指责它是异端邪说和精神自傲。关于教会的指控，我们别忘了，与其他宗教不同，基督教在世人面前高举的（十字架）标志，就是人——上帝之子——这一个体的形象，基督教甚至把这种个体化的过程就当作是上帝的化身和启示。因此，人发展成为自我具有重要意义，其全部的含义几乎没有开始被人类所赏识，因为人们过多地关注外部，而阻挡了直接通往内心体验的路。如果大多数人

第四章 个体对自身的了解

在私密的内心深处没有对个体自主性的向往,那么人,无论在道德上还是在精神上,都不能摆脱集体的压制而生存。

所有这些障碍使得正确评估人的精神愈发困难,但是有另一个显著的事实值得一提,相比之下这些障碍就不算什么了。这就是普遍的精神病治疗学经验所认为的,精神的贬值和其他心灵的启迪遇到的阻力,在很大程度上都来源于恐惧——在潜意识领域中发现的令人惊慌的恐惧。这些恐惧不但出现在那些被弗洛伊德的潜意识理论描绘的图景所惊吓的人们中间,而且还使弗洛伊德本人,这位精神分析学的创始人也困惑不解。他曾向我坦言,很有必要使他的性学说成为一种教条,因为性学说是唯一可防御可能的"神秘学说的黑色洪流爆发"的堤坝。弗洛伊德曾这样表达过他的理念,他说,潜意识中还隐藏着许多东西,被借用来当成对"神秘"的解释,而实际上也是这样。这些"古老遗风",或者说这些基于本能并表达本能的原始形式都有一种超自然的性质,这种超自然的性质有时便会引发恐惧。这些原始形式根深蒂固,因为它们代表了精神的终极根源。这让人在知识层面难以理解,当它们的一种表现形式被破坏后,这些原始形式又会以另一种改变后的形式重新出现。正是这种潜意识的精神恐惧，不但阻碍了人对自身的了解，而且也成为更广泛地了解心理学和认知心理学的最大障碍。这种恐惧如此强烈，以至人们自己都不敢承认它的存在。这是每一个有宗教信仰的人都要认真考虑的一个问题，兴许就会得到一个启发性的答案。

以科学为导向的心理学研究必定流于抽象和理论，也就是说，与研究对象保持充分的、倒还不完全忽略他们的距离。这就是为什么实验心理学研究成果，从各种实用目的来考量的话，常常毫无启发性且缺乏趣味性的原因所在。个体的研究对象越是在研究视野中占主要地位，研究成果就越实际、越具体、越生动有趣。这就意味着，研究调查的对象也会变得越来越复杂，个体的因素的不确定性随着其数量的增多也有所增大，因此，产生错误的可能性也会加大。这就可以充分理解，学院派心理学惧怕这种风险，偏向于避免复杂的情况，而通过问较简单的问题来规避惩罚。它有充分的自由选择要问的问题，一些与自然相关的问题。

医学心理学却没有这种多少令人羡慕的境况。在这里，提问的不是实验者，而是实验对象。心理分析师面临的不是他选择的事实，而是如果他有选择权的话，他可能根本不想

第四章 个体对自身的了解

选的事实。是疾病和病人本身提出各种关键性的问题，换句话说，自然与医生一起进行实验，以期从医生身上找到答案。个体和其处境的独特性直视心理分析师的脸，寻求一个答案。作为一名医生，他的职责迫使他处理充满了不确定性因素的情况。他首先运用以一般经验为基础的基本原理，但是他很快就发现这种原理不能充分地表述事实，也不能触及病例的本质。对这些普通原理的理解越是深入，这些原理也就愈加丧失它们的意义。但是，这些基本原理是客观知识的基础，也是衡量客观知识的准绳。随着医生和病人日渐感受到"理解"，情况就变得更主观化了。起初是优势，却威胁要转变成劣势。主观化（用技术术语来说，指的是移情与反移情），创造了人与环境的隔离，创造了一种无论是医生还是病人都不希望出现的社会局限性，但这种社会局限性，当理解占据主要地位时总会到来，而且不能被知识所平衡。随着理解的深入，主观性与知识的距离也更远。理想的理解是最终双方草率地赞同对方的经验，这是一种不加鉴别的被动性外加最彻底的主观性和社会责任感丧失。理解无论在什么情况下都不可能发展到这种程度，因为这要求参与理解的两个人完全相同。人与人的关系早晚会达到这样一个阶段：一方会觉得，他正被迫牺牲自己的个体性以便被另一方的个体性所吸收。这一不可避免的结果破坏了理解，因为理解同样假定了双方个体性整体的保留。因此，最好懂得，理解只能是在理解与知识达到平衡的程度才能取得，因为不计代价的理解反而对双方都有伤害。

无论如何复杂，这个问题总会出现，病人个体的情况必须被了解并理解。这正是医学心理学家的专门任务，即向病人提供恰当的知识和理解。这也是一个热心医治灵魂的"良心医者"的职责，如果他的诊所不会在所难免地强迫他在关键时刻用宗教偏见来衡量病人的状况。结果，个体存在的这样一种权利被集体偏见所剥夺了，而且常常发生在最敏感的区域。唯一不会发生这种情况的时候，只有当教条的标志（比如基督的模范生活）被个人具体地理解并充分地理解的时候。这种情况如今发展到了什么程度，我想把这个问题留给他人去做出判断。无论如何，心理分析师常常需要治疗那些教派的限制对其作用甚微或毫无作用的患者。他的职业迫使他要尽可能减少一些先入为主的偏见。同样的，他不但要尊重各种形而上学的（即不可证实的）理念和论断，他还得注意不能相信它们的普遍有效性。这种审慎态度是有必要的，因

第四章 个体对自身的了解

为病人性格的个体特征不应被来自外部的任意干预所曲解。分析师必须从环境的影响、病人自我内心的发展以及从最广义来讲,从命运的安排(无论命运的安排明智与否)的角度来对病人进行治疗。

很多人可能会发现,这种谨慎态度被过分夸大了。然而,鉴于在任何情况下两个个体间辩证过程中都存在多种互惠的影响在发生作用,即使这种影响发生的作用机智地有所保留,负责任的心理分析师也会避免不必要地补充集体因素,虽然他的病人已经屈服于这些集体因素。此外,他非常清楚地知道,即使是最有价值的宗教训诫,也会激起病人公开的敌意或潜在的反抗,从而不必要地危及治疗的目的。如今,个体的精神状况受到极大的威胁,这些威胁主要来自广告、宣传以及其他或多或少出于好意的劝告和建议,这些好意的劝告和建议在一生中至少有一次可能会给病人提供一种关系,不用重复令人厌烦的"你应该""你必须"以及其他诸如此类没用的论调。对抗外部冲击在病人精神上的反应不亚于对抗外部冲击本身,精神分析师有必要担当起对这两方面的对抗提供咨询的角色。人们害怕人类的无政府主义本能可能会迸发,这种可能性被极大地夸大了,因为内部和外部环境都很明显受到保护。最重要的是，多数人还有一种需要克服的天然的胆怯，更不用说道德和好的品位，还有最后一点，但并不是最不重要的一点，那就是刑法。这种害怕与人类意识到最初的个体性所做的巨大努力相比算不得什么，更不用说人类将之付诸实施。而一旦这些个体性冲动不经考虑就激烈地爆发出来，医生必须使病人不至于从笨拙的求助到陷入短见、冷酷无情和玩世不恭。

　　随着辩证讨论的推进，当有必要对这些个体冲动进行评价时，观点就形成了。到那个时候，患者对自己的判断力有了足够的把握，他的行为能够依据自己的洞察力和决定而做出，而不是仅仅根据约定俗成的愿望，即使他与集体的意见碰巧一致。除非患者立场坚定，否则所谓的客观价值对他来说就没有任何益处，因为这些价值就是用来替代并压抑个性的。很自然，社会有无可辩驳的权力来保护自己，使自己不受彻头彻尾的主观主义的影响，但是，由于社会是由那些"去"个性化的个人所组成，它就仍然完完全全受那些冷酷无情的个人主义者所摆布。让个人按自己的喜好随意组合成各种团体和组织，而正是这种组合以及个性不情愿的消亡，才使得社会非常容易屈从于独裁统治。可惜，100万个零加起来

第四章 个体对自身的了解

也不等于一。最终,一切事物都取决于个体的性质,但是我们这个极为短视的时代只从大多数和大规模的角度出发来考虑问题,即使有人认识到这个世界有太多被一个暴君控制的训练有素的暴民和暴乱。遗憾的是,这种认识似乎还未深入人心,人类的愚昧无知非常危险。人们仍旧快活地组织大规模行动,他们相信大规模行动最有效果,却丝毫没有意识到这样一个事实——那些最有势力的组织只能通过最冷酷无情的领导和最廉价的口号来维持。

奇怪的是,教会同样也希望利用大规模行动来驱逐恶魔——真正的教会正是以拯救个体的灵魂为己任。他们还没有听过群众心理学的基本理论,个体在道德上和精神上在大众面前低人一等,因此,教会不会过多地去履行他们真正的使命去帮助个体获得转化和精神复活。遗憾的是,如果个人不能在精神上获得真正的再生,那么同样的,社会也不可能得以再生,因为社会毕竟是需要上帝救赎的个体的总和。因此,我认为一切都是错觉,当教会设法——明显他们也是这样做的——劝诱个体加入一些社会组织,使之陷入毫无责任感的状态之中,而不是把个体从麻木和愚钝中拯救出来,也没有使个人明白他本身即是拯救世界的重要一员,因为拯救世界是由拯救每一个个体的灵魂组成的。的确,群众集会在个体面前炫耀他们的观点,并试图利用群众建议在人的脑海里留下深刻的印象,而结果却往往令人惆怅,一旦那种病毒消失,人们就会马上转为屈服于另一个更明显、更响亮的口号。个人与上帝之间的关系成为一道防护伞,避免那些有害的影响。基督或许曾经在大规模活动上召集过他的门徒,基督曾喂饱过五千人,这五千人后来是否成为他的追随者,而且没有在保罗出现动摇时同其他门徒一起呼喊"钉死他"呢?还有,耶稣和保罗不正是那些相信自己内心体验,不顾世界的眼光,我行我素的原型吗?

这些争论当然不会使我们忽视教会所面临的真实处境。教会试图集合一个个的个体,把这些信徒集结在一起,使无组织的集体成形为一个个组织,这就不仅是在从事一项伟大的社会服务,而是为个人引入有意义的生活方式,带给他们价值无边的福祉。然而,这种福祉,通常来说,也只能为个人确认某些趋势而不能改变这些趋势。经验告诉我们,令人遗憾的是,人的内心是不会被改变的,无论他从属于多少团体。环境不能给予的,人只有努力和经受苦难才能得到。与此相反,有利的环境只能加剧危险的倾向,让人寄希望于外

第四章 个体对自身的了解

部因素，甚至期待着那些外部的现实条件根本不可能提供的蜕变。我的意思是说人的内心的深远变化，尤其当今的集体化现象愈演愈烈，未来的人口过剩问题没有解决之道，这种变化就更加迫切。现在，我们是应该自问，我们凝聚在公众组织中的究竟是什么？到底是什么东西构成了每一个人（每一个真正意义上的人而不是统计意义上的人）的本质呢？这些问题都只有通过一种全新的自我反省过程才能得以回答。

一如所料，所有的大规模运动都容易倾斜到由大多数人组成的斜面上去。哪里人多，哪里就安全；什么东西信的人多，就肯定是真的；什么东西想要的人多，就值得去奋斗，就是必要的而且是好的。在众多的动荡中，人们有能力通过武力来让美好的愿望都如愿以偿；但是在这些愿望之中，最甜美的愿望，还是希望人们都温和地、没有痛苦地回归到孩童时代，回归到父母膝下，回归到无忧无虑、无需担责任的状态中去。一切的思考和照料都由上帝来完成，一切的问题都有答案，一切的需求都有必要得以满足。大众的这些儿童般幼稚的梦幻都是不现实的，他也从未想过去问，这人间天堂是谁来买单？这样，现实问题最终还是要留给更高的政治或社会权威来解决，而实际上这个权威非常乐于从命，因为这样一来他的权力就增大了。他的权力越大，个人就变得越软弱、越无助。

每当这种社会条件得到大规模的发展，通往专制独裁的大门就打开了，而个人的自由就变成了精神和物质的奴役。事实上，由于每一种专制独裁都是不道德的和冷酷无情的，所以与那种依然考虑个人因素的制度相比，他在选择自己的统治手段方面有更大的自由。如果这种考虑个人因素的制度与有组织的国家发生冲突的话，他很快就会意识到自己在道德方面存在的真正弱点，因此不得不利用与自己的对手相同的手段来使自己获益。于是，邪恶便不可避免地扩散开来，即使是可以直接预防的地方也是如此。当数量众多以及统计价值居于决定性的重要位置时，邪恶传染的危险性就更大，正如现在西方世界的情况。报纸上每天在人眼前报道各式各样令人窒息的群众力量，将个人是无足轻重的这种观念彻底灌输到个人头脑，使个人丧失了一切发声的希望。自由、平等、博爱这些陈腐的理想，对人毫无帮助，因为个人只能将这种诉求付诸他的刽子手，也就是群众的发言人。

对有组织的群众进行抵抗，只有个人的个体性也像群体那样有组织性才能奏效。我完全知道，这个主张对今天的人

第四章 个体对自身的了解

来说听起来几乎难以理解。中世纪时期有一种观点认为,人是一个微观宇宙,是一个反映大宇宙的微缩版,这种观点早就不存在了,虽然这种包容世界、适应世界的精神的存在会教给人类更好的东西。不仅宏观宇宙的形象已经深植于人的精神本质,而且人还在一个更广阔的范围内创造了自己的形象。一方面,人拥有反思意识的优点,使自己与宇宙保有"一致性",另一方面,得益于本能中遗传的和原型的性质,他与环境紧紧相依。但是,人的本能不仅使他与宏观宇宙相依,在某种意义上,还将人与宏观宇宙分离开来,因为他想要与宏观宇宙逆向而行。这样,他便陷入与自身连续不断的冲突中,而只在极少数情况下,他才能成功地给自己的生活确定一个完整的目标。为此,人类通常必须付出极大代价来压抑他本能中的其他方面。人们不得不常常自问,这种过分执着的做法是否确实值得推进,因为人的精神本质存在于各种成分在一起的争夺以及与之相反的行为,即一定程度上的分裂。佛教里称作执着于"万物"。这种情形急需秩序与整合。

正如混乱不堪的、往往以两败俱伤而终的群众运动常常被一种独裁意志强迫着在一个既定方向上发展一样,处于分裂状态的个人也需要有指示性的和有命令性的原则。自我意识乐于让自己的意志来发挥这个作用，但是却忽视了那些阻碍自己意图的强大的潜意识因素的存在。

如果自我意识要想达到整合的目标，它就必须首先了解这些因素的实质。它就必须体验它们，否则，它就必须具有一种神圣的象征，可以表达它们以及引导它们达到整合的目标。

这并不是说基督教已经终结。恰恰相反，我相信，不是基督教，而是我们关于基督教的理解和解释，在当今世界形势面前有些过时。基督象征是一种有生命的东西，它本身就孕育着进一步发展的可能。它还能够继续向前发展，而这取决于我们，我们是否有决心去重新思考规划它，而且完全是在以基督徒名义的前提下。这就要求我们对个人、对个体的微观宇宙，采取一种与我们迄今为止所采取的完全不同的态度来对待。这就是为什么没有人知道用什么方式方法能够与人坦诚相对，不知道自己能够经历什么样的内心体验，不知道在宗教神话背后还有些什么精神层面的事实存在。这一切都普遍笼罩着黑暗，以至于没人能够明白，人为什么应该对这些问题感兴趣，人应该做出承诺以达到什么样的目标。对

第四章 个体对自身的了解

这些问题,我们都无从回答。

这也不奇怪,因为实际上所有的王牌都掌握在我们的对手手中。对手可以诉诸军队武力,动用可以碾压一切的权力。政治、科学、技术都与他们在一个战壕。高深的科学理论代表着人类目前能确定的智力所能达到的最高水平。至少对当今的人类来说是如此,因为人类已经接受了很多科学理论带来的改变,这些改变令过去年代的落后和黑暗以及迷信都得到启蒙与教化。人类的先人就曾因为在那些不能做比较的因素间进行错误的比较而严重地迷失过方向,但这些却从未能引起人类的注意。特别是那些人们向其讨教的高智商的精英,他们几乎一致宣称,凡是今天的科学不能解决的事情,在任何别的时代也都不可能解决。所以,重要的是,信仰会有可能让人有机会接受到超现实的观点,需要被人们以对待科学的态度来进行审视。这样,当人们质疑用以托付治愈灵魂的教会和教会发言人时,人类就会了解到:归属于教会这样一个有决定性作用的、世界性的组织,多少是有必要的;令人产生怀疑的信仰的一些细节只是一些具体的历史事件;某些仪式活动会产生神奇的效果;基督受难是为了替人类赎罪以及把人类从永恒的诅咒一类的恶果中解脱出来。如果人开始反思这些问题，由于用来了解宗教的方法有限，他必须承认他根本不懂得这些宗教理论，于是他就会有两种可能的反应，一种是不假思索地去相信和接纳，而另一种是因为完全不懂而断然放弃。

然而今天的人类可以轻松地思考和理解由国家大量传递给他的所有"真理"，但是人类对宗教的理解却由于缺乏指导和解释变得非常困难。如《新约·使徒行传》第8章第30节所述，问曰："你所念的，你明白吗？"答曰："没有人指导我，怎能明白呢？"如果即便如此，人类还没有放弃宗教信仰，那是因为宗教源于人的本能需要，也因此有一种特别的功能。人心中的神可以被拿走，而只需要给他其他的东西作为回报。在集体造就的国家，领导者难免被神化；在这种粗陋行为尚未被武力所强制执行的地方，一些令人沉迷的因素油然而生并取而代之，比如金钱、工作、政治影响等具有魔鬼般的力量。当人类的天然功能丧失，也就是无法进行有意识的、有意图的表达时，就会产生整体性失调。因此，如果理性女神取得胜利，那么一种整体性的精神病就会蔓延开来，会产生人格分裂，与当今这个被铁幕所分裂的世界类似。一条布满铁丝网的分界线将现代人的精神世界分隔开来，不管

第四章 个体对自身的了解

你是站在哪一边。正如典型的神经症患者潜意识里不知道自己的心理阴暗面一样,一个正常人也如此,同神经症患者一样,只能在他的邻居身上或者在这条鸿沟另一边的其他人身上看见这个阴暗面。甚至,把资本主义一方和社会主义一方比作罪魁祸首已经成了一种政治义务和社会责任,这样使人们被外表所迷惑,而不再关注内心。但是如同精神病人一样,尽管他另一面的潜意识隐约地预感到,所有这些现象与他的心理状态不佳,因此西方人对自己的精神世界和"心理状态"产生出一种本能的兴趣。

如此一来,不管情愿还是不情愿,医生们被召唤到世界舞台上来,咨询他的问题主要涉及个人最私密和最隐蔽的生活,但是最后的分析显示,其直接的结果就是时代思潮的影响。由于带有一些个人的症状,时代思潮通常被认为是"精神病"。这非常正常,因为这种思潮是由一些非常幼稚的幻想组成的,与一个成年人的精神内容格格不入,会被我们的道德判断压抑下去,至少在这些内容被显意识意识到的情况下。大多数这种幻想,并不必然会成为任何形式的意识,也不见得,至少可以这样说,曾经成为过意识以及曾经被有意识地压迫过。相反,这些幻想貌似一开始就存在,或者至少曾经在不经意间产生过,且一直保持着那种状态,直到心理学家介入才使得这些幻想跨越了意识的门槛。潜意识幻想的激活是当意识处于困境中时才会出现的一种过程。如果不是那样的话,这些幻想将会正常地产生出来,不会在大脑中形成精神错乱。事实上,这种幻想属于童年时代,只有有意识的生命中不正常的情况过早地强化了这种幻想,才会引起精神错乱。精神错乱特别常见于父母对孩子的不良影响,破坏儿童成长的心理环境,产生令儿童的精神平衡受到打击的精神冲突。

如果是成年人患了精神疾病,童年时代的幻想世界就会重现出来,人们自然就会以因果的方式解释成因为是童年时期各种幻想的存在。但是,这并没能解释,那些幻想为什么没有在间歇期内发展为病理效应?病理效应只有当人类面临不能用意识手段克服困境的时候才会产生。个性发展中遭遇停滞给婴幼儿时期的幻想打开了闸门,使之涌现出来。当然,婴幼儿时期的幻想在每个人身上都有潜伏,但是只要有意识的个性能够继续沿着自己的路径向前发展,并且不受到干扰,这些幻想就不会呈现出来。而当这些幻想达到一定强度时,它们就会进入意识领域,并且产生一种病人可以体会到的冲

第四章 个体对自身的了解

突，将病人分裂成具有不同性格的两种人格。当这些能量从意识里涌出（因为未被使用），使得潜意识中的消极因素，尤其是人格中的婴幼儿特性被加剧，于是早就存在于潜意识中的分裂就伺机而动了。

一个儿童的正常幻想实际上不过是些本能的想象力，可能因此被认为是他将来进行意识活动的准备活动，由此可见，神经症患者的幻想，即使由病理引起的变化以及可能由能量退化而扭曲的幻想，包含了正常本能的核心，其特点就是适应性。神经症总是意味着对正常的活力以及对其适当的"想象力"无法适应的变化和曲解。然而本能在其活力与形式方面非常地保守和古老。当本能在大脑中呈现时，其展现方式是一个图像，这个图像就如同一幅画，将本能冲动的本质用形象化的方式具体地传达出来。举个例子，如果我们能够洞察丝兰蛾的精神世界，我们将会在它身上发现神秘的或是具有迷人特性的思想观念，这种迷人的特性不但让丝兰蛾只能在丝兰植物上进行受精活动，而且还帮助丝兰蛾去"意识"到整个局面。本能绝不是一种盲目而不确定的冲动，因为事实证明，本能可以调节自身并适应确定的外部环境。这种确定的外部环境赋予了本能明确的、不能减少的形式。正如本能是原始的和具有遗传性的一样，它的形式也是古老的，或者说，是具有原始形态的。本能的形式甚至可以说比肉体还要古老和保守。

生物学的这些思考自然也可以应用在智人身上，尽管智人有意识、有意志、有理性，但仍属于普通生物学范畴。人类的意识活动来源于本能，来源于本能的活力以及其概念形式的基本特性，这一事实对人类的心理以及对动物世界的所有其他成员一样，都有着同样的意义。人类的知识，本质上来说，存在于不断的适应中，适应那些给我们提供了先验的原始思想观念。这些思想观念需要一定的调节，因为在其原始形式中，它们适合于古老的生活方式，但不适合一个尤其是有区别的环境需要。如果本能的活力能够持续进入我们的生活，对我们的生存是绝对必要的话，那么我们就必须重新思考这些原始形式，以便足够应对当今世界的各种挑战。

第五章　对生命的哲学解析和心理学解析

但是，我们的思想总是容易不幸地却不可避免地落后于总体局势的变化。它们几乎没有别的选择，因为只要世界上没有事物发生变化，也就是说这些思想已经或多或少地适应了世界，正令人满意地进行着运转。因此没有强烈的理由要求这些事物再去进行重新的改变和调整了。只有当情况发生剧烈的变化，在外部环境和我们的思想之间产生了令人无法忍受的裂缝，我们的思想变得过时的时候，我们世界观和人生哲学中的普遍问题才会显现出来，而且那些保持本能的能量流动的原始形象如何才能被重新定位或重新调整的问题也随之而来。它们不能简单地用一种新的理性架设来替代，因为外部环境的塑造力过于强大，而人类的生物方面的需求则不足。此外，这种理性架设不但不能建起通往最初人类内心的桥梁，而且还会一起阻断了解人类的其他途径。

如今，我们的一切基本信念正变得越来越理性化。我们的哲学和古时候已经不同，不再是生活之道，而变为一种高智商的学术研究了。我们那些充满了古老仪式和概念的各种教派的宗教，都足够正当地存在，表达出他们对世界的看法，这些看法在中世纪没有造成巨大的困难，但对现代人来说却变得奇怪而难以理解。尽管这些看法与现代的科学理念相冲突，一种根深蒂固的本能使人类坚持那些看法。从字面上讲，这些看法没有把近五百年的所有智力发展考虑在内。这样做的显著目的是避免使自己坠入虚无主义绝望的深渊。但是作为一个理性主义者，即使我们觉得有必要一定要对各种教派的宗教进行批评，批评它们为写实主义、思想狭隘、过时腐旧之时，我们绝不能忘了，一个宗教信仰宣告一种教条，虽然关于这些信仰的解读可能会引发争议，然而这些信仰却因为它们的原型特性而具有属于自己的生命力。因此，在一切情况之下，知性的理解无论如何都是不可缺少的。但是，只有当通过感觉和直觉所进行的评估不够充分，换句话说，在人们对至高无上的理智坚信无疑时，才开始呼唤知性的理解的到来。

第五章 对生命的哲学解析和心理学解析

在这方面，没有什么比信仰和知识之间开始展开的鸿沟更典型、更有症状性了。两者间的对比如此之大，以至于我们不得不说，这两者以及两者看待世界的方式之间存在着不可通约性。但是，两者都关注的是我们生活的同一个经验世界，因为甚至连神学也告诉我们，信仰是建立在事实之上的，这些事实是在我们这个已知的世界里，从历史上来说可以被感知的。比如说，基督生为凡人，创造了很多奇迹，经受了命运的磨难，最终死于彼拉多（钉死耶稣的古代罗马犹太总督）之手，随后肉身升天，基督复活。神学拒绝任何把它最早期的文字记载当作神话并据此去象征性地理解它们的做法。事实上，近年来，正是这些神学家们试图使他们信仰的目标"去神话性"，这无疑是一种对"知识"的让步，当然在一些关键问题上还是果断地划了一条界线，不容置喙。但是对于有批评性的哲人来说，有一点是再显然不过的，即神话是所有宗教不可缺少的组成部分，因此，在不损害宗教信仰的情况下，根本不可能把神话从信仰的主张里排除出去。

信仰和知识之间的裂痕是分裂意识的一种症状，这种分裂意识是现在这个时代很多精神错乱的一个特点。这就仿佛是两个不同的人分别从自己的观点出发发表他们对同一个事物的观点，或者又仿佛是一个处于两种心态下的人在描绘一幅他生活经历的图景。如果我们用"当代社会"来替换"人"的话，那么很显然，当代社会就正在经受精神分裂，即神经错乱。鉴于此，如果一方倔强地向右拉，而另一方向左，那么一切的努力都是徒劳无功的。这是在每一个神经症患者身上都会发生的情况，让患者深感苦恼的是，正是这种烦恼，将他带到心理分析师面前。

如我上面的简要说明，我没有忘记提到某些实际的环节，如果遗漏的话，读者会感到困惑，那就是医生必须和患者分裂出的两种人格同时建立联系，因为只有了解两个人格才能将患者拼成一个完整的人，而不是一种人格压制另一种人格情况下的人。而一种人格对另一种人格的压制正是精神病患者一直以来所经受的，因为现代的世界观没给他们任何其他选择。原则上，人的个体情况与集体情况是一样的。人就是一个社会缩影，在最小的范围内反映社会的整体情况，抑或相反，最小的社会单元日积月累会产生集体的分裂。而后一种情况的可能性更大，因为生命唯一直接的、具体的载体是个体的人格，而社会和国家只是

第五章 对生命的哲学解析和心理学解析

常规的概念，只有当他们由无数的个体所代表的时候才能获得存在的真实性。

我们远未曾留意这样一个事实，对世俗化来说，基督教时代的显著特征，其最高的成就，就是成为我们这个时代与生俱来的缺点：上帝的话语及其象征的神圣性代表了我们基督信仰的核心内容。上帝之语被我们奉若神明，理智至高无上，直到现在也依然如此，即使我们都只从传闻里了解的基督教。诸如"社会""国家"之类的词语如此具化，甚至具有拟人化的特征。市井之辈认为，"国家"远比历史上任何一位国王都要乐善好施；因此"国家"被人们所祈求、被要求对人们负责、成为上诉的对象等，如此这般。社会也被抬到道德原则最高的高度；甚至，社会还被认为富有积极的创新能力。人们似乎还没发现，对上帝之语的崇拜在人类智力发展的某一个阶段是有必要的，但具有危险的阴暗一面。这就是说，经过几百年来教育的成果，一旦上帝之语在人们心中获得普遍的有效性，那么，它就会与圣人形成一种原始的关系。这样一来就出现了拟人化的教会和国家，对上帝之语的信仰就变成了盲从，上帝之语也就变成了具有欺骗性的、令人憎恶的口号了。当盲从成为宣传和鼓动，用政治上的假公济私和折中妥协来愚弄人民，这种欺骗就达到世界历史上前无古人的地步。

因此，上帝之语曾经宣称过，所有的人及其联盟都将在大人物的形象中获得统一，这种言论在我们这个时代里变成了所有的人都互相猜忌和互相不信任的根源。盲从是我们最可怕的敌人之一，但是这种盲目相信也是神经症患者为了平息他自己胸中的质疑，或者说是为了用咒语的方式把自己从现实中解脱出来而常常采用的权宜之计。人们常常认为，要使人步入正轨，你只要"告诉"他"应当"去做什么就行了。但是，至于此人是否能够或是否愿意去这样做，却是另一回事。心理学家已经认识到，仅仅依靠劝说、规劝、告诫以及给出好的建议都是无济于事的。他还必须熟悉病症的所有细节，掌握有关病人病情的权威知识。因此，他必须和患者个人相处，探索病人思维中的所有沟回脑路，其能力甚至要远超任何一位老师或心灵导师。医生对待科学的客观性，没有排他性，使他不但可以把自己的患者看做一个人，而且还可把患者看做一个类人猿，一个像动物一样的只是依附于肉体的人。医生所受的培训已经使他的医学兴趣超出有意识的人格之外，而进入一个由性和内驱力（自我主张）所控制的潜

第五章　对生命的哲学解析和心理学解析

意识的本能世界，这与圣·奥古斯汀①的双子道德观——性欲和权欲也不谋而合。这两种基础本能（种族延续和自我保存）之间的冲撞是无数冲突的根源。因此也就成了道德判断的主要目标，其目的就在于尽可能地避免这些本能冲突的发生。

如我前面解释过的一样，本能有两个主要方面：一方面是活力与冲动；一方面是特殊的意义和意图。如同在动物身上发现的明显案例一样，所有人类的精神功能都极有可能有一种本能的基础。不难看出，本能是动物所有行为的精神向导。然而当（例如高级类人猿和人类）的学习能力开始发展时，这一言论就变得不太确定了。在动物身上，学习能力的结果是经历了无数的变异和分化；而在文明人身上，由于本能异常分裂，导致只有少数的基础本能可以确定地从其原始的状态中分辨出来。最重要的是那两种已经提到过的基础本能以及它们的派生物，迄今为止它们仍然是医疗心理学关注的专属对象。不过，研究者们发现，在追溯这两种本能的分支的过程中，他们碰到了一些难以确定地归于其中一种基础本能的构造。这里我们只举一个例子即可说明：发现权力本

---

① 古罗马帝国时期天主教思想家，《忏悔录》作者。——译注

能的人提出一个问题，表面上确定无疑的性本能的表现是否没有比解释成"权力的安排"更好的了？而且，弗洛伊德本人也不得不承认，除了压倒一切的性本能之外，还存在着"自我本能"——这显然是对阿德勒①观点的认可。由于这种不确定性，毫不奇怪的是，在大多数情况下，神经症病症无论用这两个理论中的哪一个都可以解释得通，且毫不冲突。这种困解并不能说明，这一种或那一种观点错了，或者两者都错了。相反，相对来说两者都是有效的，与某些片面的和教条主义的倾向不同的是，弗洛伊德和阿德勒两人都承认其他本能的存在和各种本能之间的竞争。我前面也说过，虽然人类的本能绝不是一个简单的问题，但我们在对学习能力的假定方面的推断可能还不至于出错，我们假定学习能力，这一几乎是人类所独具的特有属性，实则来源于动物模仿的本能。人们发现，正是在这种模仿本能的本性中，搅乱其他的本能活动并最终对其他本能进行修改，比如，鸟儿就是采用了其他的音调来歌唱。

没有什么能像学习能力那样，使人与自己本能的行为模

---

① 被称为"现代自我心理学之父"。——译注

第五章 对生命的哲学解析和心理学解析

式相脱离,而最终成为一种真正的驱动力,驱使人类的行为模式向前转化。正是这种学习能力,使人类的存在发生了变化,使人类需要对文明带来的各种变化进行适应。学习能力也是许多精神紊乱和精神困境的根源,这些精神困境是由于人类脱离了本能基础而引发,或者说,是由于人类脱离了本能基础同时又认同自己的意识知识所引起的,再或者说,是由于对有意识的同时又牺牲潜意识为代价的担忧而引起的。其结果是,现代的人只有在意识到自己的时候才能认识自己,而人意识到自己的能力,很大程度上取决于环境条件和知识,以及取决于可以掌握自己原始的本能倾向需要进行的或被建议进行的某种程度上的修改。因此,人的意识主要是通过观察和研究周围的世界来指导自己的,而且正是意识的这种特性,才使得人们必须不断地适应自己的精神和技术资源。这项任务非常严格,要完成这项任务又如此有利可图,以至于人们在此过程中逐渐忘掉了自己的本能,用关于自我的概念来替代自己的实际存在。这样,人们就在不知不觉中滑到一个纯粹的理念的世界,在这个世界里,人类意识活动的产物逐渐取代了客观现实。

人类与自己的本能的分裂使得文明人不可避免地陷入意

识与潜意识、精神与本质、知识与信仰的冲突。而当人的意识再也不能对他本能的一面进行否定和压制的时候，这种分裂必然就会成为病态。当一定数量的处于这个关键阶段的个人聚集起来，就会开始一场受压迫的一方志在必得的群众运动。意识在外部世界寻找所有病因，与这一流行趋势一致，对政治和社会改变的呼声高涨，分裂人格的深层问题应该可以自然而然地得到解决。而一旦这种改变得以实现，政治条件和社会条件就会出现，这些条件又会把同样的社会弊病改头换面后重新带回。接下来发生的是一场简单的逆转：底层一跃而为上层，阴暗面取代了光明。而且由于前者总是处于无政府主义和混乱状态，所以，那些"被解放的"受压迫者的自由一定会被残酷地削减。所有这一切都是不可避免的，因为邪恶的根源并未被撼动，只不过是它的另外一面暴露出来罢了。

除了政治上的困难，西方还一直承受着巨大的心理劣势，即使是在纳粹德国时期也一直不悦地感受到这种心理劣势：我们现在可以评论我们的阴暗面了。非常明显，独裁者站在政治前沿的另一边，而我们站在正义的一边，具有正确的理想。不是有一位非常著名的政治家最近坦承他"根本没有想

第五章 对生命的哲学解析和心理学解析

象过罪恶"吗？以人民的名义，他表述了这样一个事实：西方人处于完全丧失自己的影子的危险之中，处于把自己和他虚构的人格混为一谈、把这个世界与科学的理性主义所描绘的抽象图画混为一谈的危险之中。他的精神和道德的对手，如同他一样真实，也已不再栖身于他的胸中，而是超越了地理界线，不再代表外部的政治障碍，而是越来越有威胁性地把意识从潜意识的个人身上分离出去。思考和感觉丧失了它们的极性，宗教取向也行之无效，即使上帝也不能制止释放出来的精神功能向专制王权方向发展下去了。

我们的理性哲学并没有关注过，在我们身上被轻蔑地描述为"影子"的另一个人，是否赞同我们意识的规划和意图呢？很显然，这个"人"并不知道在我们身上确有一个影子，存在于我们的本能之上。一个人不对自己构成极大的伤害就很难忽视本能的活力和意象。对本能的违背或忽视将给个人带来痛苦的生理和心理后果，而要治愈这些后果，首先就要采取医疗手段。

在过去的五十年中我们已经知道，或者可能已经知道，在人类精神中有一种与意识相抗衡的潜意识存在。医疗心理学目前已经提供了这方面所有必要的经验上的和实验上的证明。潜意识精神现象对意识及其内容有着显要的影响。虽然人们都了解了这一点，但是却没有从中得出任何实际的结论。我们仍然像从前那样思考和行动，似乎我们是单纯型，而非双重型。由此，我们还把自己想象成为单纯无害、通情达理、充满人道的人。我们不怀疑自己的动机，也不自问内省，我们的内心是如何看待我们在外部世界所做的事情？但其实，我们忽视了潜意识的反应和立场，这是轻率、肤浅和不近情理的，且精神上也同样不健康。一个人可以认为，他的胃或心脏无足轻重，置之不顾也无妨，但是却不能阻止饮食过度或者过度使用，而对整个身体产生不良影响。然而我们认为，精神错乱及其后果只需要几句神的话语就可以消除，因为"精神"对多数人来说没有空气重要。虽然如此，谁也无法否认，没有精神就根本不会有世界，更不用说有人性化的世界了。事实上，一切都有赖于人的精神及其功能。我们对之付出再多的关注也是值得的，尤其是现今，所有人都承认，未来祸福既不是由野生动物的威胁决定的，不是由自然灾害决定的，也不是世界范围内的瘟疫决定的，而仅仅是由人的精神变化决定的。只需几个统治者的头脑里的精神平衡发生哪怕是几乎意识不到的错乱，这个世界都将变得哀鸿遍野、战

第五章 对生命的哲学解析和心理学解析

火纷飞、辐射危机重重。能够达到这种局面的技术手段目前在东西方都已具备。而且不受内在对立面控制的意识上的思考可以轻易就被付诸行动，这一点我们从某个"领袖"的例子中就已经看到了。现代人的意识依然执着于外物，以为只有外物才是唯一可靠的，好像一切决定都要根据这些外物来做出一样。某些个人的精神状态究竟是否能够把自己从外物的行为中释放出来呢？关于这个问题，我们讨论得远远不够，虽然这种非理性的情况我们每天都可以看到，而且发生在我们每一个人身上。

在我们的世界里，意识的绝望主要是由本能的丧失造成的。造成这种情况的原因在于，人类的精神发展在今天大大超过了过去任何一个时代。人类征服自然的力量越大，他头脑里的知识和技巧就越多，他对那些仅仅是自然的和偶然的事物，对那些非理性数据，包括那些根本谈不上意识的客观的精神，所产生出的轻蔑也就越深。与意识心理的主观性相对比，潜意识是客观的，它主要是用相反的感觉、幻想、情绪、冲动和梦幻的形式来表现自己，而在所有这些形式中没有一个是自己生成的，都是客观地相生而成的。甚至在今天，心理学在很大程度上依然是研究意识内容的科学，它尽可能地用一种集体共有的标准作为衡量标准。个人的精神变成了一种意外、一种边缘化现象，而潜意识，由于只能在真实的"非理性给定"的人类身上才能显现出来，则被完全地忽略了。这不是粗心大意或缺乏知识导致的，而是由于除自我以外完全拒绝承认可能还有另一个精神权威存在。这似乎对自我是一种有意义的威胁，因为其统治地位可能受到质疑。另一方面，信仰宗教的人习惯于认为，他并不是自我的唯一主人。他相信，最终做出决定的是上帝而不是他自己。然而，我们中间有多少人敢于让上帝的意志来决定自己的一切呢？如果他不得不承认他的决定与上帝的决定相去甚远的话，我们中间又有谁不会感到难堪呢？

由此我们可以断定，宗教信仰者受到潜意识反应的直接影响。通常，这种情况，宗教信仰者称之为良心的作用。但是由于同一精神背景只产生精神上的反应而不产生道德方面的反应，所以宗教信仰者便用传统的伦理标准，因此也是集体价值观，来衡量自己的良心。在这方面，教会一直努力坚持不懈地给予支持。只要个人能够紧紧坚守他的传统信仰，只要他所处的时代环境不是那么坚定地强调个人自主，他也就对形势心满意足了。然而正如今天的情况一样，大批追求名利的人被各种外部因素所左右,丧失了自己的宗教信仰,情况就发生了急剧的变化。这时,宗教信仰者被迫采取防卫姿态,对自己的信仰立场进行盘问。这时,宗教信仰者不再能够获得"一致同意"所具有的那种巨大暗示力量的支持,而变得难以为继,他还强烈地发现,教会正在一天天衰落,而教会教条的假定也显得不那么确定了。于是,为了与这种形势相抗衡,教会便推出更多的信仰,似乎这一恩赐的礼物取决于人们的善意与快乐。然而,宗教信仰的根基不是意识,而是自发的宗教体验,这种体验使个人信仰和上帝之间建立起直接的联系。

这里,我们必然要问:我真的有宗教体验吗?我和上帝之间建立了直接的关系了吗?如果有的话,它确定能够使得作为个人的我不至于泯然于众人吗?

第六章　自我认知

对于自我认知这个问题，只有当人们有意愿进行严格地自省、自知以满足这个需求时，才会有一个积极的答案。如果这样去做，人不但会发现一些重要的关于自身的真相，还会获得一种心理优势，即成功地认为自己值得被关注、因为同情而获得别人的兴趣。可以说，人会立刻开始宣扬自己的尊严，向他的意识，也就是潜意识，迈出第一步，因为它是宗教经验可以产生的唯一根源。这当然不是说我们认为潜意识可以等同于上帝或甚至可以取代上帝的地位。潜意识只是宗教经验得以流动的媒介。至于这种宗教经验探究的深层原因究竟是什么，对这个问题的回答已超越了人类的知识范围。对于上帝的认识是一个超凡入圣的问题。

宗教信仰者在回答一些悬于我们的时代之上的关键问题，

第六章 自我认知

比如有关威胁的问题的时候,他有一个很大的优势:他清楚地知道,自己的主观存在是基于他与"上帝"的关系。我给"上帝"这个词加引号,是为了说明我们现在讨论的是一个拟人化的概念,其精神动力和象征意义都被潜意识精神媒介给过滤掉了。任何想要答案的人,无论是否信仰上帝,都至少要接近这种经验的根源。如果不用这种方法,那就只有在极少数情况下,我们才能亲眼目睹那些奇迹般的转变,其中保罗在大马士革的经历是所有这些转变的模范。宗教经验存在这个事实就无需任何证明了。但是,是否真有形而上学和神学称之为上帝的那种东西,是否神是这些经验的真实基础,却一直有人怀疑。实际上,这个问题没有意义,它自己就可以进行解答,因为宗教经验有主观上的绝对神圣性。拥有这种神圣性的人为之所吸引,因此也就不再可能会沉湎于那些毫无意义的形而上的或认识论的思考中了。绝对肯定的东西自有其证据,无需拟人化的证明。

鉴于人们对心理学有一种普遍的无知和偏见,我们应当考虑到一种不好的观念,即具有个体存在意义的经验似乎应当在一种肯定能够说明每个人偏见的媒介中找到自己的根源。我们又一次听到这种疑问:"耶稣的故乡拿撒勒能出产什么好东西呢?"即使我们不把潜意识完全看做意识层面之下的垃圾箱,无论如何它也只可能被看做是一种"简单的动物性"。实际上,潜意识的范围和构成在定义上来说都是不确定的,因此对之评价过高或过低都没有意义,只会被当作偏见而为人们所抛弃。所有这些事,在基督教信徒的嘴里显得非常奇怪,他们的神耶稣自己就降生在一个马厩的稻草上,和其他家畜混杂在一起。如果他降生在一座寺庙中,这可能会更符合大多数人的意愿。具有俗世思想的普通大众,总是用同样的方法在群众的集会上寻找这种神圣的经验,因为这种集会能够提供一种肯定比个人灵魂更强大的背景。甚至连教会的基督徒们也会有这种有害的错觉。

心理学坚称潜意识的过程对宗教经验具有极其重要的意义,但这种观点既得不到政治右派的支持,也得不到政治左派的认可。右派认为,在宗教经验中起决定作用的是来自外部的历史启示;而左派却认为这完全是一派胡言,因为人根本没有任何宗教功能,当人们突然需要最强烈的信仰时,他们才可能有所信仰,而这时只能信奉那些政党纲领之类的信条。除此以外,这些理念的理论主张各有不同,却都声称自己拥有绝对真理。然而我们今天生活在一

第六章 自我认知

个统一的世界里,距离不再以周和月来计算,而是用小时来计算。异域民族不再是民族博物馆里的西洋镜,他们已经成了我们的邻居;昨天还是民族学家专门研究领域的问题,今天已变成了政治问题、社会问题和心理学问题。意识形态领域也已开始彼此接触和相互渗透,互相理解、被迫切需要的时刻也可能为时不远了。如果不能深入理解别人的观点,那么要想明确表达自己的观点并让别人理解,肯定是不可能的。对这一看法的思考在双方都会产生一些反响。毫无疑问,那些将阻挡不可阻挡的历史潮流作为己任的人,终将被历史所遗弃,而坚守我们那些重要的优良传统却成为可取的,在精神上也很有必要。不管还有多少差别,人类的团结终将不可阻挡。

低估精神的因素可能会对人类采取令人痛苦的报复。因此,是我们应该及时补过的时候了。现在看来,这肯定还只是一种虔诚的愿望,因为对自我的认知似乎是一种不太讨巧的理想主义目标,因为充满了道德的腐朽之气,被心理学阴影所缠绕,也不太受欢迎,所以一有可能,它就被否定了,或者不被谈起。我们这个时代所面临的任务实在是具有几乎无法克服的难度。如果我们对另一种"对知识的摒弃"不感到愧疚的话，这个任务则对我们的责任感提出了极高的要求。因而它只能由那些具有领导力和影响力的人所理解，因为这些人才具有理解我们世界所处局面的所需知识。人们或许希望他们能叩问自己良心。但由于这不仅是智力理解的问题，还有关道德结论，所以不幸的是，我们没有任何理由过于乐观。我们知道，大自然的恩赐从来都不是那么慷慨大方的，给予高度的智慧，还会给予慈善之心。一般来说，有得有失，如果拥有一样东西，那么就会缺失另一样东西；如果一样东西极尽完美，其他方面就会有所欠缺。智力与情感之间的矛盾是人类精神史上特别痛苦的一页，智力与情感在绝大多数情况下，往往互相掣肘。

把我们的时代强加给我们的任务说成是一种道德要求，是毫无意义的。我们最好是把心理世界的情况阐述明白，使得眼不明的人可以识别清楚，使耳不聪的人也可以听明白其间的语言和道理。我们不仅希望那些学富五车、心怀敞亮的人能理解，我们还有必要不厌其烦地向其他人重申这些思想和观点。最终，真理才能得以流传，而不只是流言蜚语。

说完这番话，我很想让读者注意到人类不得不面对的主要困难。独裁国家近来给人类造成的恐惧完全不亚于我们的

第六章 自我认知

祖先在不算太久远的年代里犯下的令自身都感到愧疚的所有暴行的总和。基督教国家之间在整个欧洲史上发生过各种暴乱和大屠杀,除此之外,欧洲人还应该对他们在殖民化过程中对有色人种所犯的所有罪行负责。在此方面,白人的确是罪孽深重。这给我们展现出了一幅黑暗得不能再黑暗的人类共同的阴暗面。在人们内心中暴露出来的、而且毫无疑问现在仍然处于人心之中的那种邪恶占了很大的比重,因此教会谈原罪,并把这种原罪追溯到亚当与夏娃那天真无辜的过失上。这就是一种委婉的说法,实际的情况远比这严重得多,且被完全地低估了。

由于人们普遍地相信,人类是意识所了解的自己,因此他们就认为自己是无害的,这实在是在罪恶之上又增加了一层愚蠢。虽然他们并不否定已经发生的和仍在继续发生的可怕的事情,他们却认为这些事情是"别人"所为。当这些可怕的事情发生在最近或者发生在遥远的过去,他们立刻就会、而且也很容易会将之遗忘,这时那种头脑糊涂的慢性病就会重来,而我们却称之为"正常状态"。与此形成惊人对比的是,事实上最后什么事情也没有消失,什么事情也没有得到改善。如果只有我们看得见,魔鬼、罪恶、良心的极度不安和不祥的预感便会呈现在我们眼前。所有这一切都是人类造成的，我也是人类的一员，也有人性的一部分；因此我也同别人一样对犯下的过错感到愧疚，但身上具有的不可改变的、难以磨灭的能力和倾向却可能随时将错事再犯一次。从法律上来说，即使我们不是帮凶，但出于我们的人性，我们有可能会一直是潜在的罪犯。实际上，我们只是缺少被卷入凶恶混战的合适时机而已。我们中没有任何人能够逃离人类黑色的集体阴影。不管这种罪恶可以追溯到数代人以前还是发生在今天，它都总是残存着处处都能彰显出来的人类特点。因此可能是人类在对"邪恶想象"的控制力方面做得很好，因为只有傻瓜才能够永久地忽视他的本性。事实上，这种忽视是成为罪恶工具的最佳手段。无害和幼稚，就如同对霍乱病人及其周围的人无用一样，对病症的传染性毫无知觉。相反，无害和幼稚还会把这种未被察觉到的罪恶转嫁到"别人"身上。这样一来，它有效地增强了对手的地位，因为转嫁本身就带着恐惧，所以我们便不知不觉中悄悄地在别人身上感觉到我们自己的罪恶，从而相当大地增加了威胁的恐怖性。更坏的情况是，我们自身洞察力的缺乏使我们丧失了对付罪恶的能力。当然，这里我们遇到了基督教传统的主要偏见之一，

第六章 自我认知

而这一偏见使我们的政策严重受阻。我们早就被告知，我们应当避开邪恶，而且可能的话，既不要接触也不要谈及它。因为罪恶也是一种不好的预兆，人们都忌讳它、害怕它。对邪恶的规避态度，与明显回避行为一样，都是在遵循我们内心对邪恶视而不见的原始倾向，或者被赶到最前方或其他地方，这就有如《旧约》里的替罪羊一样，人们设想，这样就能把罪恶带到远离人类的荒野之中。

邪恶并不是人类做出的选择，而是与生俱来的人的本性。如果我们不再回避这种认识，那么善恶在心理层面即是平等的且相互对立的伙伴。这种认识直接导致精神二元论，精神二元论深埋在政治世界的分裂中，甚至是在现代人自身潜意识的分裂中。二元论并不是来自于这种认识，更确切地说，我们一开始就处于一个分裂的状态。令人痛苦的想法是我们不得不对很多愧疚担负个人自己的责任。因此，我们总喜欢把这种罪恶转嫁到个体或集体犯罪团伙的头上去，而自己表现得很无辜，否认对邪恶有大体的倾向性。这种伪善并不会长久，因为经验表明，人性本恶，除非是根据基督教的观点，人类愿意去假定一个有关罪恶的形而上学的原则。这种宗教观点的一个很大的优点，就是它使人的良心免除了一种沉重的责任感,而将责任转交给魔鬼。用准确的心理学理论来说,与其说人是造物主的牺牲品,不如说人是他的精神构造的牺牲品。考虑到我们时代的罪恶已经将令人类痛苦不堪的一切事情发展到最为黑暗的程度,人们应该叩问于心:我们在司法公正上取得长足进步,在医药和技术方面突飞猛进,我们对生命和健康如此关注,为何各种足以轻易就将人类毁灭的杀伤性武器会被发明出来呢?

没人会认为原子物理学家是一帮罪犯,因为正是他们的努力,我们才有了特殊的人类智慧之花——氢弹。他们为核物理的发展贡献了大量的智力劳动,为完成他们的任务付出了极大的努力和自我牺牲,他们因为为人类发明了有用、有益的东西而轻易地获得奖彰,他们在道德上也值得嘉奖。但是,即便通向一个划时代发明之路的第一步是有意识的决定,与其他任何领域一样,在这里,那种自发的想法——预感或直觉——也起着十分重要的作用。换言之,潜意识也参与进来,并且经常在其中做出决定性的贡献。所以说,上述科学成就的产生,并不能仅仅是意识的功劳;有些地方也应该归功于潜意识,虽然它的目标和意图难以为人所觉察,但它确实在许多地方都有所涉及。如果潜意识把武器放在你的手上,

第六章 自我认知

那么就是意在让你施行某种暴力。认识真理是科学的第一目标，如果在追求真理的过程中，我们遭遇了巨大的危险，那么我们对命运印象要比预感来得深。这并不是说，现代人就比古代人和原始人更有罪恶的能力。只不过是当代人能够用更为有效的手段把自己对罪恶的偏爱变成现实。所以，随着现代人的意识日益扩展和分化，他的道德本性却一直落后。这是今天摆在我们面前的一个重大问题。仅仅具有理性是不够的。

理论上来说，光是核裂变的危险就足以让我们理性地停止如核裂变这样地狱般罪恶的实验。但是，人们对罪恶的恐惧在自己心中是看不到的，却总能在别人心中看到，尽管我们都知道核武器的使用意味着现在的人类世界会走向灭亡。对宇宙毁灭的恐惧或许可以使我们免遭厄运，但是，只要在世界范围内的精神和政治分裂之间找不到一座跨越的桥梁，毁灭的可能性仍然如乌云一般笼罩在我们头上，但是这座桥就如同氢弹一般是肯定存在的。如果只有世界范围的意识能够认识到，所有的分裂和裂变都是由精神中的对立面分裂所造成的，那么我们就知道该如何着手努力了。但是，即使是个人精神上最小的、最私人的波动，对于它自身来说都无足轻重的那些波动，至今仍未被发觉和认识到，那么这些波动就会继续累积，造成群众纠结和群众运动，很难施以合理的控制和有效的操控。所有直接的努力都无异于是打影子街头霸王，被幻觉弄得晕头转向的是格斗士自己。

关键问题是人自身的二元性，人们对此一无所知。人们泰然自若地认为一元性的上帝按照自己的形象创造了一个个小小的人类个体，人们怀着这种信仰生活了数个世纪之后，伴随着最近以来世界历史上的那些著名事件，二元性这个深渊就突然在人的面前裂开了。即使是在今天，在很大程度上人们还没有意识到，每一个人都是各种国际组织结构中的一个细胞，因而这些组织的冲突都会导致人也受到牵连。作为个体的人知道，他或多或少是没有意义的，同时他还感到自己是各种无法控制的力量的牺牲品；但是另一方面，他内心深处却隐藏着一种十分危险的阴影和魔鬼，在政治恶魔的黑色计划中充当着隐形帮凶的角色。政治团体的本性总是在对方身上看到罪恶，如同个体也一样，总是根深蒂固地倾向于把那些自己不知道和不想知道的关于自己的东西消除掉，方法就是强加于他人身上。

没有什么比道德上的自鸣得意和责任心的丧失对社会产

生更大的分裂和离间作用了,也没有任何东西能够像收回自己的投射那样促进对立双方之间的理解与和睦了。这种纠正的方法是有必要的,需要进行自我批评,因为一个人不能只是让别人收回投射。人们没有对这些投射的认识,正如他们也不了解自己。只有从更广泛的精神层面去了解我们自己和了解别人,我们才能认识自己的偏见和幻想。这样我们准备好去认真地怀疑我们认为是绝对正确的东西,并且细致地良心地与客观事物进行比较。集体国家没有要促进人与人之间的互相了解和加强人与人之间的关系的意图;与此相反,它拼命促进个体原子化,对个体进行精神孤立。个体之间的联系越缺乏,国家就越牢固;反之亦然。

在民主国家中无疑也是这样,人与人之间的距离更大,这减弱了公共福利,更不会对我们的精神需求有益。当然,各种努力都在进行中,通过呼吁人们的理想主义、狂热激情和道德良知来消除令人扎眼的社会反差;然而,别具特色的是,人们却忘了进行必要的自我批评来回答下列问题:谁提出的这种理想主义要求?是不是或许有人为了积极投身具有各种美好说辞的理想主义而超越自己的阴影呢?用富有欺骗性的外表掩盖一个与之完全不同的阴暗的内心世界,有多少是值得尊敬以及有明显的道德存在呢？人们首先希望能确保，一个满口都是理想的人，自己本身也是理想的，这样他们的言行举止才会比他们看上去的要更理想化。理想化其实是不可能的，因此还有一个未实现的假设。由于我们在这方面一直有非常敏锐的嗅觉，大部分在我们面前进行鼓吹和虚饰的理想主义听起来都非常空洞，只有当它们的对立面为社会公开地承认之后，它们才能变得为世人所接受。如果没有对立面的平衡力，那么理想就会超越人的能力范围，并且因其没有幽默感而成为一种不可思议的东西，最终沦为一种对人的欺骗，虽然没有恶意。欺骗是一种压制和迫害别人的非正当手段，不会产生好的结果。

另一方面，为了承认我们的不完美，承认阴影的存在会使我们拥有必要的谦虚。在任何需要建立人与人的关系的时候，这种意识上的认可和考虑就很有必要。人类的关系不是建立在分化或完美的基础上，因为分化或完美都只强调差异性，或者正好起到相反的作用；正相反，人类关系是建立在不完善之上，基于人的脆弱、无助和需要支持，这正好是依赖性的基础和动机。完美的人并不需要其他人的帮助，然而脆弱的人需要，因为脆弱的人寻求支持和帮助，他不会与同伴发生冲突，不会让任何事物使自己陷入不利地位，或者受到羞辱。羞辱感只会非常容易出现在那些理想主义过剩的地方。

这种思考不应被认为是没必要的多愁善感。由于被压抑的大众被原子化，人际关系被普遍的不信任所破坏，人类关系问题以及我们当代社会的内部凝聚力是一个当务之急。正义摇摆不定、警察监视比比皆是、恐怖活动无比活跃，人与人之间的关系陷入孤立，这当然是独裁国家的目标和目的所在，因为独裁国家就是建立在那些力量减弱的社会分子身上，他们最大可能地纠集在一起。为了对抗这种危险，自由社会就需要一种情结性的纽带，一种博爱的原则，如基督教对邻里间的爱。但是，正是这种对自己邻里同伴的爱让大多数人饱受缺乏理解带来的痛苦。因此，更多地从心理学的角度思考人与人之间的关系问题对建立自由的社会大有帮助，因为在人际关系中存在着真正的凝聚力以及力量。没有爱的地方，权力就会滋生，暴力和恐怖也会随之而来。

这些思考，不是为了迎合理想主义，而只是为了提升人类精神状况的意识。我不知道在理想主义和公众的洞察力这二者之间,哪一方更为脆弱。我只知道,具有持久性的精神变化需要时间。在我看来,徐徐而至的洞察力似乎比忽悠不定的理想主义更具有持久力,而理想主义却未必能坚持太久。

第七章　自我认知的意义

　　我们的时代所认为的人类精神中的"阴影"和低劣的部分，不只包含一些消极因素。通过对自己灵魂的探索而进行的自我认知，我们发现了人的本能及其意象世界，对我们精神世界中处于冬眠状态的各种力量进行了一些阐述。只要它们运转得一切正常，我们对这些力量了解甚少。而这些力量是有着巨大活力的潜在力量，与它们相关联的图像和概念究竟是有建设性还是破坏性，完全取决于意识的准备程度和态度。大概只有心理学家才能够通过经验事实了解到，当代人的精神尚未准备好。因为只有他知道，他自己不得已要在人的本性中寻找出那些有用的力量和思想，这些力量和思想一次次地让他在黑暗与危难中摸索前行。为了完成这项艰苦的工作，心理学家必须拥有极大的耐心，他不能依靠任何传统的"应该"和"必须"来行动,他也不能让其他人来进行努力,而自己却满足于扮演一个轻松的建议者和劝诫者的角色。每个人都知道宣扬那些值得向往的事情是徒劳无用的,然而在这种情况下普遍的无助感是如此之大,需求是如此迫切,以至于人类宁可重蹈以前的错误,也很少开动脑筋去思考一些主观方面的问题。除此之外,我们处理的只是有关单个人的问题,而不是有关上万人的问题,这样所付出的努力才会富有成果。人们非常清楚地知道,除非个人发生变化,否则什么改变也不会发生。

在所有个体身上产生的效果,人们都希望看到它的实现,然而这种效果在几百年之内可能不会发生,因为人类精神的转变往往要经过几个世纪的漫长岁月,而且任何理性思考过程既不能加快它的实现,也不能令其停滞不前,更不用说在一代人之中产生什么效果了。然而,我们力所能及的变化是个体拥有或创造的变化,能有机会影响其他相似的人。我这里的所指,并不是劝说或说教的工作,与之相反,我在思考这个众人皆知的事实:任何能够洞察自己行动的人,都因此找到了通往潜意识之路,都在不自觉地对周围的环境施加影响。随着他的意识的深入和拓宽,他也常常产生出一种原始

第七章 自我认知的意义

人称为"神力"的效果。这是对别人潜意识的一种无意的影响，是潜意识的影响力，其威力会一直持续下去，只要不受意识意图的干扰。

对自我认知的追求也不缺乏获得成功的前景，因为这里存在着一种因素，虽然这种因素完全被人们忽视了，但是它却往往在不经意间满足我们的期待。这种因素就是潜意识的时代精神。它能够与显意识的态度互为补偿，并且可以预见到即将发生的变化。一个极好的例子就是现代艺术：尽管表面看来是审美问题，实际上，现代艺术通过打破和摧毁公众眼里从前那种关于形式美和内容有意义的审美观点，从而在公众中开展了一种心理学教育。艺术作品中令人愉悦的东西被主观因素的冰冷抽象所取代，天真烂漫的感官大门被粗暴地关闭了，人类对艺术与生俱来的喜爱也受到极大的打击。用直白通俗的话来说，这就是告诉我们，艺术的预言精神远离了从前的客观关系，而暂时向混乱的主观主义发展。当然了，就目前我们可以判断得出的来看，艺术还没在这种黑暗中发现到底是什么可以把所有人凝聚在一起，是什么可以用来表达精神的整体性。为了达成这一目的仍需要继续思考，这种发现可能要留给其他学科领域去完成了。

伟大的艺术品至今仍从神话，从持续了很多时代的象征化的潜意识过程中汲取营养，作为人类精神的原始表现形式，它还将继续成为我们未来一切艺术创作的基础。现代艺术的发展日益呈现出一种分化瓦解的虚无主义倾向，我们必须把这种发展理解成宇宙毁灭与再生情绪的一种征兆和象征。这种情绪在我们时代的政治、社会和哲学等方面体现出来了。我们正生活在一个被希腊人称之为卡尔波斯（动荡时代）的时期，也就是基本原则和象征发生了"诸神变形"的阶段。我们时代的这种特殊性绝不是我们意识选择的结果，而是我们潜意识的表现所致。如果人类不想把他自己创造的技术手段和科学力量用来毁灭自己，那么未来的几代人将不得不对这种意义重大的划时代转变进行认真的考虑。

如基督纪元之始一样，今天的我们也面临着整体的道德倒退这个问题，我们的道德观念已经远远落后于科技和社会发展。现在的形势危如累卵，有太多东西取决于现代人心理体质。现代人有能力抵挡动用自己权力就可以发动世界大战的那种诱惑吗？他知道他自己行走在什么样的路上吗？他明白应当从当前的世界形势和他自己的精神状态之中得出什么

第七章　自我认知的意义

样的结论吗？他知道他就要失去基督教为他珍藏下来的生命永恒的那个神话吗？他意识到了那场酝酿中的灾难会落到自己头上吗？他究竟能不能看到这是一场灾难呢？最后，他了解只有个体自己才是决定天平斜倾的砝码吗？

幸福和满足，心智的平衡以及生命的意义，这一切只有个体能够感受，而国家是无法体验的。而国家，一方面只不过是许多独立的个体同意其存在的一个约定，另一方面，它却要持续地对个人进行麻木和镇压，施以威胁。精神分析学家是最能了解人类心灵幸福条件的人之一，他们知道，这种心灵幸福在很大程度上依赖于各种社会因素的总和。一个时代的社会背景以及政治环境当然是相当重要的，但人们无限地高估了它们对个人幸福和个人痛苦的意义，以至于把它们当成了唯一的决定因素。在这一方面，我们所有的社会目标都忽视了个人心理的存在，而这些社会目标正是为个人心理设置的，同时，更为经常发生的是，这些社会目标也助长了个人幻觉的滋生蔓延。

因此，我希望，一个毕生致力于精神错乱的因果关系研究的精神分析学家，能够得到全社会的许可，允许他作为一个个体,饱含谦逊地把今日世界形势产生的各种问题的看法都表达出来。我既不是出于极端乐观主义的鞭策,也不是出于对崇高理想的热爱,我只不过是对人类的个人命运感到担忧。个人是世界赖以存在的无限小的单元,如果我们对于基督教义没理解错的话,甚至连上帝也希望在个人身上寻求自己的目标。

II
符号与梦的解析

第一章　梦的意义

人通过语言来描述事物，其方式就是以所说的话来表达他想要沟通的意思。但是有时候，他所使用的文字或概念并不是那么有描述性，只能在特定的情况下人们才理解。例如，有许多缩写像 UN、UNESCO、NATO 等，大量出现在我们的报纸、商标或专利药品名称里。尽管我们不知道这些缩写是什么意思，但是如果了解的话，它们是有确切含义的。这些缩写不是象征，而是符号。我们所说的象征，是一个词或一个概念，本身为我们所熟知，但其内涵、使用和运用是具体、特定或暗示某种隐藏的、模糊的或不为人知的含义。我们可以以频繁出现在克里特岛纪念碑的双刃斧这个意象为例。我们认得出这样东西，却不了解它的特定含义。此外，去过英格兰的印度人会告诉他的印度朋友，英国人崇拜动物，因为他在英国的老教堂里发现老鹰、狮子、牛。他并不知道这些动物是基督教福音派的象征。甚至连许多基督徒都不知道这些象征源自以西结看到的幻像,这与埃及的荷鲁斯和他的四个儿子是相似的。另外,轮子和十字架也可以作为例子。它们都是世人皆知的事物,但是在特定情况下具有象征意义,并且它们所象征的含义至今还有争议,人们还在猜测。

当一个用语或者意象的内涵不止限于表面的表示或表达,它就具有象征意义。它有更广的"潜意识"的内涵——这种内涵是永远无法准确定义或者充分解释的。它有这种特性,是因为当我们去探索这个象征时,我们的思考最终会被引向超脱,这时我们的理智就要投降了。例如,轮的图像可以把我们的思想引向"神圣的"太阳这个概念,就这点而言必须承认理智是不能胜任的,因为我们没有能力定义或者确认"神圣"的存在。我们只是人,因此我们的智力也是非常局限的。我们可以形容某事物是"神圣的",但这只是一个名言安立,可以这样说,也许只是以教条而非以证据为依据的。

因为有无数的事情是在人类的理解能力之外,我们时常用象征性的用语或意象来指代它们(尤其是基督教语言,更是充满象征)。但是这种有意识的使用象征,仅仅是一种重要

第一章 梦的意义

的心理学现象的一个方面：我们在梦中还会下意识地、自发地制造象征。

所有觉知或认知，都是部分完成任务，永远不能达到完全的觉知或认知。首先，作为所有体验的基础，我们的感官知觉被有限的几种感官所局限。虽然仪器的使用能够在一定程度上弥补这种局限，但是不足以完全消除一些不特定性。此外，觉知将我们所观察到的事实转化成一种似乎是无法比较的媒介——一种心理事件，这一转化的性质我们无法了解。它是不可知的，因为认识无法认识其自身——心灵不能够了解它自己的心灵本质。因此，对于所有人的体验来说，都有许多不确定的不可知的因素；此外，就某些方面而言，我们永远也无法认识认知对象，因为我们不可能了解事物的终极本质。

因此，一切有意识的行为或事件都有潜意识的一面，正如所有的感官知觉都有其潜意识的一面：例如，高于或低于能听度的声音，或者高于或低于能见度的光线。如果说心灵事件的潜意识部分能够影响显意识，那么这种影响是间接的。心灵事件揭示出其潜意识部分的存在，如果它是带有情感的，或者有某种显意识尚未充分意识到的重要性。潜意识部分要事后才能想起来，可能是在经过一段时间之后，通过直觉或者深层次的内省而为显意识所知。但心灵事件也能自己显示其潜意识的一面——大多数情况下是——在梦里。梦通过象征而非理智思想的形式来表达这一面。我们正是通过了解梦才能研究显意识心灵事件的潜意识一面，才能研究其性质。

人类花了很长的时间，才对梦的功能性意义有了或多或少理智或科学的认识。弗洛伊德最先开始试图通过实验来阐释显意识的潜意识背景。他研究一种假设，即是梦的内容与显意识的表现是有关联的，也就是说，有一种因果联系，并非只是偶然发生而已。这种假设绝不是主观的，而是建立在实验的基础上。神经学专家，尤其是 Pierre Janet，很久以前就观察到神经过敏的某些症状与某些显意识体验有关联。梦似乎是从显意识中分离出来的一个区域，在另外一些时候并且在不同的情况下，可以变成显意识，正如歇斯底里的麻木出现后会即刻消失，并且在过一段时间后又重新出现。早在半个世纪之前，布洛伊尔和弗洛伊德就认识到神经过敏症是有意义的。这种症状合情合理，因为它表达了某种想法。换句话说，它起到与梦同样的作用：它们具有象征功能。例如，某位病人遇到难以解决的问题，因此出现一个症状，就是每

第一章 梦的意义

次想要吞咽的时候就会痉挛:"他不能吞咽。"另外一位遇到相似的问题,得了哮喘:"他不能呼吸家里的空气。"第三位则是得了一种异常的双腿中风:"他走不了了。"第四位吃什么都呕吐:"他消化不了。"诸如此类的。他们可能都会做相似的梦……

当然,梦的种类更加繁多,并且通常充满奇异而且绚烂的想象。但是如果遵照弗洛伊德独创的"自由联想法",梦都可以归结到最基本的概念。这种方法就是要让患者去持续谈论他梦里的意象。这恰恰是非心理学的医生忽略的。他们总是赶时间,因此憎恨患者仿佛没完没了喋喋不休地说自己的想象。但是,他不知道病人就要暴露出自己,就要揭示自身疾病的潜意识背景了。任何一个人,只要说话的时间足够长,他说的话,或者他刻意不说的话,都会不可避免地出卖他自己。他可能会非常努力地试图让医生和他自己都远离真正的事实,但是只要聊一阵子就能很容易看出他想要避开的点是什么。通过表面上的漫谈或者不理智的闲聊,他无意识地界定出一定的范围,他要尽量避开这个点但不断地反复地回到这个点。在这种界定范围的过程里,他甚至会用很多的象征,很明显是为了隐藏或躲避,然而却一直指向他的困境的核心。

因此，如果医生足够耐心，就会听到很多象征性的话，看起来是意图向显意识隐藏什么。医生已经看过太多生命的黑暗一面，因此，当他把病人发出的暗示解读为不安的良心的信号时，很少会出错。他最终发现的，很不幸的，不出他所料。弗洛伊德把压抑和实现愿望的满足解释为梦境象征出现的原因，到目前为止还没有人能说这有问题。

但是如果我们思考下面的经历，会产生怀疑。一位朋友同时也是我的同事，有一次长时间坐火车穿越俄罗斯。为了打发时间，他试图破译车厢里的斯拉夫语标示。他陷入一种幻想中，思考这些字母是什么意思——根据"自由联想法"的原则——向他提示了什么，很快他发现自己沉浸在各种各样的回忆中。让他很不高兴的是，他不难在这些回忆里发现旧时不眠夜令人不快的伴侣，他的"情结"——一些被压抑并且小心翼翼避开的话题，医生如果知道了会很高兴地指出哪些最可能是神经衰弱的原因，或最令人信服的某个梦的解释。

但是没有什么梦能"自由联想"到令人难懂的斯拉夫语字母的。也就是说，不论从罗盘的哪个点开始，都可以直接到达中央。通过自由联想，能够了解最关键的隐秘的想法，

第一章 梦的意义

不论从何处开始,不论是症状、梦境、想象斯拉夫字母还是现代艺术作品。无论如何,这个方法证明不了为什么会做这个梦。它只是向我们展示了有一些漂浮的可以联想的内容。梦通常都会有一个特别确定的结构,就仿佛有明确的目标去显示其潜在的想法或意图,虽然通常都不是直接明了的。

我的同事的这个经历令我觉得惊奇。我并没有完全否定"联想"的理念,但是我认为应该更多地关注梦本身,即是梦实际的形式和表述。例如,我的一位病人梦到一个喝醉的、凌乱的、粗俗的女人是他的妻子(虽然现实生活中他的妻子完全不是这样)。因此这个梦的表述,是令人震惊并且跟现实完全不一样的,但这就是梦的表述。这种表述自然是令人难以接受的,而且马上就会被认为只是梦而已,没有意义。如果你让病人对这个梦进行自由联想,那么他很可能会尽可能远离这种可怕的想法,好以他稳定的情结告终。然而,你就会对他这个梦的含义完全不了解。通过这样一个显而易见不实的梦,潜意识想要表达什么呢?

如果有人对梦没什么经验,也没什么了解,认为做梦是混乱没有意义的,他有权这么认为。但如果有人认为梦是正常事件,实际上也确实是这样,那么肯定就要考虑也许梦是有原因的——也就是说，它们的存在是有合理原因的——或者在某种意义上说有目的，或者二者皆有；也就是说，它们是合理的。

显然，这个梦试图表达一个概念，即有一位堕落的女性是与做梦的人有紧密联系的。这样的概念投射到他妻子身上，那么这种表述就是不真实的。那么它想表达的是什么呢？

中世纪较为敏锐的思想者已经知道，每个男人都"有夏娃，也就是他的妻子，藏在他的身体里"。每个男人都有的这种女性元素（基于他的生物构成里的女性基因），我称之为阿尼玛。这个"她"从根本上说包括与周围环境关系较差，尤其是与女人关系较差的一面。这一点是向别人也是向自己小心翼翼隐藏起来的。一个男人或许表面个性看起来是正常的，但是他的阿尼玛很可能糟透了。我们这位做梦的患者就是这样：他女性的一面并不那么好。具体到他的阿尼玛，梦的表述一针见血，说的是：你的表现像个堕落的女人。这让他受到重创，事实上也应该如此。我们不应该认为这个案例证明潜意识有道德性质。它只是试图平衡显意识的不均衡，因为他的显意识相信自己是彻底完美的绅士，而这并不是真实的。

第一章 梦的意义

这种经验让我不再相信自由联想。有的联想远离显而易见的梦的表述,我不再跟随这样的联想。我宁愿专注在实际的梦境,因为这是潜意识想要表达的内容。并且我也开始紧紧抓住梦本身,决不让它离开我的视线;或者就像把一个未知的东西放在手心里,翻来覆去观察它的每一个细节。

但是为什么我们要去琢磨这些是没有价值的、难以捉摸的、不可靠的、模糊的、幻想的梦?它们值得我们关注吗?我们的理智肯定不推崇研究梦,而且弗洛伊德之前梦的研究史不管怎么说都是一个痛处,实际上令人非常沮丧,或者至少可以说是十分"不科学"。然而对研究人类的象征能力来说,除了精神病、神经官能症、神话和各种各样艺术形式的产品之外,梦是最普通也是最普遍的、可获得的资源。如果要了解它们作为个体特有的性质,这些更加的复杂难懂,因为我们不可能试图解释潜意识的产品而没有制造者本人的帮助。我们对象征的全部知识,实际上主要来自梦。

我们不能创造象征。象征的出现并不是显意识有意或者主观选择而设计的结果。因为,如果是经过了那样的程序,它们就只可能是符号或缩写,不可能是其他。对我们来说象征是自发产生的,正如我们在梦里看到的那样,并非我们的发明，而是发生在我们身上的。它们并不是能直接被了解，需要通过联想认真分析。但不是进行"自由联想"，我已经提到过，"自由联想"最终都是让我们回到驱动显意识的情感或情结。我们不需要通过梦来回到这些点。但是在医学心理学的早期，有一种普遍存在的假设，认为解析梦的目的就是要发现情结。不过，如果是这样，只要进行联想测试就能提供所需的全部暗示。我早已说过这点。甚至不一定要做这样的测试，因为只要让一个人说话，说的时间足够长，那就能取得同样的结果。

毫无疑问，人做梦经常是因为受到情感困扰，其中会涉及他根深蒂固的情结。习惯性的情结是一个人心灵中脆弱的地方，对回应有问题的外境回应得也最快。可是我开始怀疑，梦也许还有其他更有意思的功能。最终导归至情结，并不是梦独有的特征。如果我们要搞清一个梦是什么意思，有什么具体的功能，那我们就必须不去考虑它必然的结果，也就是情结。我们必须制止无限制的"自由"联想，梦本身也有这样的限制。自由联想会让我们偏离具体的梦境，忽视它。正相反，我们应该靠近梦及其具体的形式。梦是梦本身的界限。梦本身就是梦含括什么样的内容以及梦引申到什么地方的标

第一章 梦的意义

准。任何材料，只要不是在梦境的范围之内，或者说超出具体梦境的范围，都会迷失，除了情结之外得不出任何结论。我们并不能确定是梦揭示了这些情结，因为很多其他的方式也可以表达情结。比如说，几乎有无限的方式可以"象征"、或以寓言诠释性行为。但是显然，梦有它非常明确的表达方式，尽管最终的联系会引向性交。这不是什么新闻，也很容易了解，但是我们真正的任务是要知道为何梦选择这个独特的表达。

只有梦的意象清晰显示是属于梦境的内容，才能用来阐释梦。自由联想法扭曲而又偏离梦的主题，但是我已经提到过，新方法围绕梦的意境这个中心而行。我们把注意力集中在具体的主题上，在梦本身，而不去理会做梦的人不断想要远离主题的尝试。这种经常存在的"神经过敏的"不联系梦境的倾向，有很多的体现，但是实际上它就是显意识的一种基本抗拒，抵抗任何关于潜意识和未知的东西。正如我们所知，这种激烈的抵抗是原始社会的一种典型心理。这种心理总体来说是保守的，有明显的厌新的倾向。任何新的未知的东西都会引起不寻常的、甚至是迷信的恐惧。原始人表现出来的，都是野兽对于意外事件的反应。我们的高度文明已远不像原始时代，但并没有完全摆脱原始人的行为。一个观念，只要与普通的期待不完全一致，就会在心理上遇到最严重的障碍。人们不认可它，而且以各种各样的方式害怕它、反对它，并且憎恶它。很多先行者都有痛苦经历，来源于同时代人原始的厌新心态。在心理学这门年轻的科学里，你可以看到厌新心态是如何起作用的。在分析你自己的梦时，如果你不得不承认一个不愉快的想法，那么你就能够很容易看到自己的反应。尤其重要的是，对意外和未知的恐惧使得人们热切希望用自由联想法，作为一种逃避方法。在我的职业工作中，不知重复过多少遍这些话："让我们回到你的梦吧？梦说了什么？"

如果我们要理解一个梦，就要认真对待它。我们也必须假设，梦所传递的就是它所明显表达的含义，因为不存在有根据的理由证明不是这样。但是梦显而易见的无用是压倒性的，以至于不仅做梦的人，而且解析梦的人很容易就会屈服，采用"无非是"这样的解释。当一个梦变得难懂而顽固的时候，完全不去理会它的诱惑已经不远了。

当我在东非原始部落做实地研究的时候，惊奇地发现他们完全不承认做梦这回事。通过耐心和间接的谈话，我很快发现，他们也是正常做梦的，只不过深信他们的梦毫无意义。"凡夫的梦一点意义都没有。"他们说。只有部落首领和医生的梦才有价值，因为关系到整个部落的福祉。他们高度评价这种梦。唯一的遗憾是，部落首领和医生不再承认会做梦，"因为英国人来了"。英国地区官员已经接管了"大梦"的职能。

这件事情告诉我们，即便是在原始社会，人们对梦的看法也是矛盾的。就像在我们的社会，大部分人对梦不以为然，而一小部分人很看重梦。例如，很久以前教会就知道上帝托梦（somnia a Deo missa），我们的时代已经见证了科学在发展，旨在探索潜意识活动这个广阔的天地。但是一般的人很少考虑，或者完全不考虑梦，甚至受过良好教育的人也与普通人一样对梦一无所知，并低估了与"潜意识"沾边的一切。

很多科学家和哲学家否认潜意识心理活动的存在。他们的论据很天真，认为如果潜意识心理活动存在，那一个人就会有两个主观而不是一个。事实上情况就是这样的，尽管人们假设一个人的人格是统一的。其实我们的时代有一个很大的问题，许许多多的人生存的状态是自己的右手不知道左手在做什么。并不是只有神经症患者会发现自己处于这样的困境。这不是最近的新发展，也不能归咎于基督教道德。相反，这是继承人类整体的集体潜意识。

意识的发展是一个迟缓而艰辛的过程，需要难以估量的时间才能发展到文明阶段（我们有点武断地把这个时间定在发明文字的阶段，大约是公元前4000年）。虽然从此以后有了很大程度的发展，但是远未完善。人类心灵无数的广大领域都还处在黑暗中。我们所说的"心灵"，绝非等同于显意识及其内容。那些否认潜意识存在的人，他们没有认识到实际上是在承认我们已经充分认识心灵了，没有进一步探索的余地。这正等于宣称，我们现在对自然的了解，已经到达了全部所能了解的知识的顶峰。我们不能定义"自然"或"心灵"，只能说我们在目前了解到什么是"自然"或"心灵"。因此，任何有理性的人都不会说"不存在潜意识"，这就等于说没有他和其他人不了解的精神内容——更不用提医学这门科学已经积累的如山的有说服力的证据。当然了，这种抵触并非出自科学责任或诚实，而只是古老的厌新心态，对于新事物以及未知的恐惧。

对心灵未知部分的这种异常的抵触有其历史原因。意识是我们最近才获得的知识，因此现在还是处于"实验阶

第一章 梦的意义

段"——脆弱,受一些特定危险的威胁,并且会很容易受到伤害。事实上,原始人最普遍的一种精神错乱是"失去灵魂",正如这个说法所表达的那样,实际上是一种明显的意识分离。在原始层面,心灵或者灵魂并不是大家普遍猜想的那样是个整体。很多原始人猜想人有"灌木灵魂",包括他们自己也有。这个灵魂化身为某个野兽或者某棵树,他跟这个野兽或这棵树之间有某种身份上的关联。这就是 Lévy-Bruhl 所说的"神秘参与"。如果灵魂化身是个动物,那么这个动物就像亲兄弟一样,甚至到这种程度,如果某人的兄弟是鳄鱼,那么他认为他可以安全地游过一条充满鳄鱼的河。如果灵魂化身是棵树,这棵树就被认为像父母一样对他有权威。伤害灌木灵魂,就等于伤害这个人。也有人认为人有很多灵魂,正好清楚地向我们表明原始人常常觉得自己由多个个体组成。这说明,他的心灵还远远没有稳妥地整合;相反,未受抑制的情感的攻击是一种威胁,很容易就会让心灵四分五裂。

我们在看似遥远的原始人心灵领域所观察到的,绝对没有在我们现在发达的文明里消失。我已经说过,左手经常不知道右手在做什么,并且在激烈的刺激后,人屡屡会忘记自己是谁,所以人们会问:"你着什么魔了?"我们被自己的情绪控制和改变，我们会突然变得不可理喻，或者很重要的事会神秘地从我们记忆里消失。我们说"控制自己"，但是自我控制是一种罕见的、不同寻常的优点。如果你问自己的朋友或同事，他们能告诉你一些关于你的事情，这些事情你自己却完全不了解。人总是被兄弟眼里的灰尘所迷惑，忘记或者忽略像随意批评别人那样批评自己。

所有这些大家熟知的事实毫无疑问地告诉我们，在今天如此高的文明程度上，人的意识还没有达到应有的延续性。它仍然是分离且易受伤害的。这也可以说是幸运的，因为心灵的分离也使得我们聚焦在一个点上，忽略其他一切可以让我们分神的东西。我们的意识有可能是有明确目标地分离，并且暂时压抑一部分的心灵；也有可能是你经历同一件事情，然后心灵分离但是没有经过你的同意和了解，或者甚至可能是违背你的意愿。这两种情况有很大不同。前者是一种文明成果，后者是原始古旧的状态、引发疾病的事件，或神经症产生的原因。后者是"失去灵魂"，一种至今仍然存在的原始灵魂的病症。

从原始状态到可靠的意识聚合走过了很长的路。即便在我们的时代，意识的统一性也是令人怀疑的，因为只要一点点的风吹草动就足以扰乱其连续性。另一方面,对情绪的完全控制,不管从某个角度来说有多么值得追求,此种成就都不堪质疑。因为这样一来,所有的社会交往都会失去变化、色彩、热情与魅力。

第二章　潜意识的功能

我们的新方法是把梦当作心灵的自然产物，除了认为它是合理的，不对它加以任何其他的假设。这与其他任何一门科学的假设其实没有什么不同，也就是假定所研究的对象是值得研究的。不管我们有多么看不起潜意识，至少它与虱子同一个级别——毕竟昆虫学家对虱子是真正有兴趣。至于有人认为假设潜意识存在太大胆，我必须要强调，很难想象有比这更保守的构想了。它是如此简单，差不多成同义反复了：潜意识的内容消失之后，不能重现。我们能对它做的最佳描述是，思想（或者，不论是什么）已经变成了潜意识，或者被从显意识里分离出来，因此它甚至不能被记住。或者，对于将要从潜意识突破到显意识的东西，我们可能碰巧有想法或者预感："空气中有什么东西（令人兴奋的事情有

第二章　潜意识的功能

可能即将发生）"，"闻到老鼠（感到不妙）"，等等。我们在这种潜藏的、潜在的意识活动影响之下说话，这并非是大胆的假设。

如果有什么东西从意识消失，它并不是变成空气或者不复存在，就像一辆汽车拐弯后消失并不是不存在了。它只是从视线中消失，因为我们有可能还会看到这辆车，就像曾经消失的想法会重新浮现。我们发现，对于知觉来说也是如此，以下实验可以作为证明。假如你持续不断在临界可听与不可听这个度发出音符，你持续地听，会留意间歇性地有时听得到声音，有时听不到。这种波动是因为注意力周期性的增减造成的。音符的强度是稳定的，一直没有变化。只是因为注意力降低使得声音明显消失。

因此，潜意识首先是由许多暂时衰微的内容所构成。经验表明，潜意识持续影响意识活动。一个人走神了，在自己的房间里走到某处，明显要拿什么东西。然后他突然停下来，糊涂了：他已经忘记为何站起来，要拿什么。他心不在焉地在一堆东西里搜寻，完全不知道要找什么。突然他发现要找的东西，回过神来了。他表现得就像一个在睡梦中行走的人，忘了自己最初的目标，然而又不自觉地被这个目标所指引。如果你观察神经症患者的行为，会看到他们是意识到自己的所作所为，并且有清晰的目的。但是如果你向他们提问，会惊讶地发现他们实际上并没有意识到自己的行为，或者脑子里在想别的事情。他听而不闻，视而不见，知道却同时又不知道。成千上万的观察结果令专家确信，潜意识表现得就像显意识，你永远不能确定思想、语言或者行为是显意识还是潜意识。有些东西对你自己来说是如此明显，你会很难想象它对别人来说看不见，然而对你的同伴来说它可能就是不存在的。可是，他们表现像注意到了，正如你自己一样。

这种行为导致一种医学上的偏见，认为歇斯底里的病人都是习惯性的说谎者。但是他们会说看似多余的谎言，是因为他们的精神状态不稳定，而且他们的意识是分离的，因而容易产生难以预料的意识衰微。这就像他们的皮肤会出现难以预料的、变化的麻木，很难说能否感觉到针刺。如果他们的注意力集中到某个点上，他们全身的皮肤都可能会完全失去知觉。注意力松懈下来时，感知即可恢复。并且，如果对这种的病人进行催眠，可以很容易证明他们非常清楚在失去知觉的皮肤上做了什么。或者说，在意识衰微时的所作所为

第二章 潜意识的功能

他们很清楚。他们能记得每一个细节，就如同是完全清醒的一般。我记得一个类似的案例，那是一个完全神志不清的女人来到诊所。第二天她恢复清醒，但是不知道自己是谁，不知道自己在哪里，不知道她自己为什么在这里，也不知道当天的日期。我给她催眠，她就能给我讲她自己的事情，所讲的都能证实。她说了自己为何生病，怎么去诊所的，谁接待她的。所有的细节都非常清楚。门廊里有一个时钟，虽然并不是在非常显眼的地方，但她能回忆起进入诊所的时间，甚至具体到分钟。她就像在完全正常的状态下经历这一切，而非处于深度无意识。

确实，我们可以作为证据的材料大部分来自临床观察。这也是为什么很多批评者认为潜意识及其表现不会在正常精神状态下发生，而是属于精神病理学或精神病症的范畴。然而，就像我早就指出来那样，精神病症绝对不是纯粹因精神疾病产生。实际上它是正常情况，只是在心理学上被夸大，因而与其他正常的精神现象相比更引人注意。其实我们可以在正常人身上观察到歇斯底里所有的轻度症状，只是这些表现太轻微，发生的时候通常没有引起注意。因此，日常生活是实证材料的宝藏。

就像显意识的内容能消失在潜意识里一样，有些念头也能从潜意识里冒出来。除了占大部分的记忆之外前所未有的想法和创新的思想也会显现出来，这些都是显意识从来没有意识过的。它们像从黑暗深处长出的莲花，构成潜意识很重要的一部分。潜意识的这个特点，对于梦的解析来说特别重要。不论如何我们都要记住，梦的内容不一定是记忆，可能只是还没有被意识到的新的念头。

遗忘是一个正常的过程，它是显意识的某些内容随着注意力的转移而失去其活力。当兴趣转移到别的地方，原来的内容就转移到阴影里，就像探照灯照亮一个新的地方，另一个地方就在黑暗中消失。这是不可避免的，因为显意识一次只能清楚地辨识几个形象。而且正如前文提到的，这种清晰度也会波动。"遗忘"可以解释为潜意识活动内容在视线范围之外，而且是有违本人意愿的。但是被遗忘的内容，并没有停止存在。虽然不能重现了，但是在潜意识里存在。它们随时可能自发地从潜意识里现起，通常是在多年明显的完全遗忘之后，或者能够通过催眠被唤起。

除了正常的遗忘之外，弗洛伊德还描述了很多例子，说明了对于有些不愉快的记忆我们想尽快忘记。正如尼采所说，

第二章　潜意识的功能

如果骄傲足够坚持，记忆会选择退让。因此在遗失的记忆里，我们会发现很多是因为讨厌或者不和谐而处在潜意识状态（并且是有意识想去回忆也记不起来）。这些是被抑制的内容。

下意识的感知与正常的遗忘同等。因为它在我们的日常生活中扮演的角色并非不重要，所以值得一提。我们看到、听到、闻到、尝到很多东西，然而并没有注意到它们。这是因为注意力偏移了，或是因为刺激太轻微，不足以在显意识中留下印象。虽然没有清醒地意识到，但这些下意识确实对意识有影响。有个很有名的例子，是一位教授在乡间与学生一起散步，两人深入严肃地谈话。突然，他的思绪被突如其来的幼时记忆流打断。他不明白为什么，因为他无法发现这与他谈话的主题之间有何关联。他停下来回头望：不远处有个农场，是他刚刚经过的。他回想起来，路过农场后不久童年时代的记忆就涌现。"我们回那个农场去吧，"他对学生说，"我的幻想肯定是在那里开始的。"回到农场，教授闻到鹅的味道。他即刻明白了这就是打断思路的原因：他小时候在一个有鹅的农场住过，鹅特有的味道给他留下持久的印象，这造成了记忆的重现。他在经过农场的时候闻到这个味道，潜意识觉知于是唤起了遗忘已久的记忆。

这个例子向我们证明了下意识觉知释放出孩提时的记忆，其活力强度足以打断谈话。这种觉知是下意识的，因为注意力在其他地方，并且刺激的强度不足以转移注意力而到达意识。这种现象在现实生活中频繁出现，但是大多数时候人们没有注意。

相对少见但更加惊人的同类现象是潜在记忆，或"潜隐记忆"。这种现象的发生是突然的，多数情况下表现为创造性的文思泉涌，一个字、一句话、一个意象、一个比喻或者一个完整的故事出现，奇怪或有某种显著特征。如果你问作者他的片断是从哪里来的，他不知道，很显然他甚至没有发现这个片段有什么特别。我要举的例子是尼采的《查拉图斯特拉如是说》。作者描述查拉图斯特拉"堕入地狱"的某些细节的特点，恰好与某艘船1686年的航行纪录逐字对应。

尼采，《查拉图斯特拉如是说》(1883)

> 查拉图斯特拉逗留在幸福岛的时候，正好有一艘船停泊在山上冒烟的岛边，船员上岸猎兔。但是就在正午船长和船员们准备集合的时候，他们突然看到一个人在空中向他们走来，一个声音清楚地说："是时候了！就是现在这个时候了！"但是当这个人向他们靠近之时，像影

第二章 潜意识的功能

子一般快速飞向火山,他们极为惊讶地认出这是查拉图斯特拉……"看,"老舵手说,"查拉图斯特拉堕入地狱了!"Justinus Kerner, Blätter aus Prevorst (1831—1839)

四位船长和一位商人贝尔先生,一起上岸到斯特隆布利火山岛上猎兔。三点他们召集人回船,正在这时他们极为惊讶地看到空中有两个人向他们飞过来。一个穿黑色衣服,另一个灰色。这两个人飞过的时候跟他们靠得很近,飞得十分快,令他们感到惊讶的是,飞进了可怖的斯特隆布利火山口。

当我读到尼采的这个故事时,发现它的风格很奇特,与尼采一贯的语言风格不一样。我也觉得这些奇怪的意象不同寻常:一艘船停泊在虚构的岛上、船长和船员猎兔、发现故人堕入地狱。其与 Kerner 的相似不会仅是巧合。Kerner 的文集大概从 1835 年开始,可能是关于这个海员的故事仅有的现存来源。至少我可以肯定的是,尼采从什么地方收集了这个故事。他重新讲述了这个故事,在几个地方进行比较大的变动,那似乎就是他自己的创作。因为我是在 1902 年发现这个情况的,我还有机会写信给作者的妹妹伊丽莎白·福厄斯特·尼采。她回忆起来,她和哥哥尼采在他十一岁的时候读的 Blätter aus Prevorst，虽然她已经记不起这个故事本身。我之所以记得这件事，是因为四年前我有机会在一个私人图书馆看到 Kerner 文集；我阅读了 Blätter 全书，因为我对那个时代医生的著作感兴趣，认为他们是医学心理学的先行者。随着时间的推移，我应该是很自然就忘记了这个关于船的故事，因为我一点也不感兴趣。但是在读尼采的时候，我突然有一种似曾相识的感觉，随之是一种隐约的古旧的感觉，然后 Kerner 的书的图片慢慢透进了我的意识。

勃诺瓦的小说《大西洋岛》与莱特·哈葛德的《她》惊人地相似。在被指抄袭时，勃诺瓦不得不回应说，他从来没有读过莱特·哈葛德的书，并且完全不知道有这本书存在。这是潜在记忆的一个例子，如果它不是作为集体表征的表现。列维布-留尔用集体表征来对原始社会的某些基本概念进行说明。我在后文会提到这点。

前文对潜意识进行解释，是为了让读者对下意识内容有个比较直接的了解。下意识内容是梦的象征自发产生的基础。显然，这些内容之所以处于潜意识状态，必定是因为某些显意识内容失去活力。也就是说，失去对它们的关注，或者其自身的情感色调，以为新的意识活动提供空间。否则，如果

第二章 潜意识的功能

它们还有活力,处于临界值之上,你就摆脱不了它们。意识就像一种投影仪,把(注意力或兴趣)的光投射到新的直觉之上——会马上现起——也投射在休眠状态的过往觉知痕迹之上。作为一种意识行为,这个过程可以理解为一种有目的性的、自愿的行为。但是,强烈的外在或内在刺激,常常会迫使意识进行这种光的投射。

这种观察不是多余的,因为很多人高估了意志的作用,轻视了他们意志之外的心理活动。为了对心理有更好的理解,仔细区分意识和无意识活动是很重要的。前者来源于自我—人格,而后者的来源不一定完全是自我,也就是说是自我的潜意识部分、自我的"另一面"。从某种意义上来说,后者是另一个主体。这个主体的存在,绝对不是一种病状,而是一种可以随时随地观察到的正常现象。

有一次我与一位同事讨论一名医生,这名医生做了我认为"绝对白痴"的事情。这名医生是我同事的朋友,而且他们信奉同一种狂热的信条。他们都是绝对的禁酒主义者。他冲动地回应我对他朋友的批评:"他当然是蠢蛋"——他马上打住——"我的意思是说,他是一个十分聪明的人"。我温和地提醒他,他最先说的是蠢蛋。对此他愤怒地否认这么说过他的朋友,并且不会对像我这样无信仰的人说。此人是别人评价很高的科学家,但是他的右手不知道左手在做什么。这种人不适合心理学,而且其实也不喜欢心理学。但我们通常就是这样对待"另一面"的声音:"我不是这个意思,我从没这样说过。"正如尼采说过的,最后还是记忆屈服了。

第三章　梦的语言

所有的意识活动，已经或者以后会变成下意识，构成我们称之为潜意识的心灵领域。所有的驱策、冲动、意图、影响，所有的觉知和直觉，所有理智或不理智的念头、结论、归纳、推理、前提等，以及任何的情感，都有其相应的潜意识部分，可能是受部分的、暂时的或习惯性的潜意识影响。例如，我们有时候使用了一个词或一个概念，它的关联会产生某种含义，而这种含义是当时我们完全觉察不到的。这可能会产生荒谬的甚至灾难性的误解。甚至连谨慎定义的哲学或者数学概念，其实际内涵也还是超过我们的假定，即便我们已经确保不给它赋予额外的含义。一个心灵概念，其本质实际上是不可知的。我们用来数数的数字，也不止我们理解的这么简单。数字同时也是神话的载体（对于毕达哥拉斯主义者来说它们甚至是神圣的），但是当你为某个实际目的而使用数字时，你肯定不会意识到这一点。

我们同样没有意识到，一些普通的词汇，例如"国家""钱""健康""社会"等，其含义也通常是超出它们被假定应表达的内涵。通常只是我们假定它们有某种含义，但在实际运用中它们有各种各样微细的意思。尽管人们正确理解它们，每个人的理解也会有细微的差别。存在这种差别是因为，一般性的概念是被个体语境接受的，因此个体是以其自己的方式理解和使用这些概念。只要概念和用词完全一致，那么这种差别几乎难以觉察，而且实际上也不重要。但是如果需要进行确切的定义和周密的解释，我们有时候就能发现最惊人的差异。这种差异不仅存在于对用语的概念性理解，而且尤其存在于其情感色彩和实际运用。这种差异通常是潜意识性质的，因此从来没有被意识到。

人们可能会不以为然，认为这种差异是多余的，或者是过分细致的区分。然而它们的存在说明了，即便是最老套的意识内容，也有不确定的半影围绕。因此我们有理由认为，它们一定都由潜意识掌控。虽然这一点在日常生活中无关紧要，但是在分析梦的时候我们一定要记住。我想起自己的一

第三章 梦的语言

个梦,这个梦困惑了我一段时间。在这个梦里,有一位 X 先生拼命地想绕到我背后,并跳到我背上。我对这位先生一无所知,除了他成功地把我说的话进行奇怪的扭曲。这种事情在我的职业生涯中时常发生,我从未费心去了解自己是否觉得愤怒。然而,有意识地控制自己的情绪在现实中是很重要的,梦很明显地以俗语"伪装"的形式提起这件事情。这个俗语在日常用语中再普通不过,就是"你可以爬到我背上",意思就是"我一点都不在乎你说什么"。

我们可以说这个梦的意象有象征性,因为它没直截了当而是绕着弯说。它通过俗语这个隐喻使之具体化,我并不是能立刻明白。因为我没有理由相信潜意识会试图掩饰什么,我必须很小心,不把它的设置投射到自己的行为上。梦的特点是:会用画面的、生动的语言来表达,而非只是呆板的、理智的陈述。这肯定不是刻意的隐瞒,它只是强调了一个事实,那就是我们在理解充满了情感的画面语言方面能力有限。

日常生活中为了适应现实,我们需要准确的陈述。因此我们已经学会抛弃了幻想的装饰,由此我们失去了原始心灵所具有的特质。原始思维给事物附加上了很多联想,这种联想，文明人几乎已经意识不到了。因此动物、植物以及无生命的事物都有白人最意想不到的功能。夜间的动物如果在白天被看见，原始人就会认为它显然是巫师暂时的化身；或者认为它是医生、祖先的化身，或某人的灌木灵魂。一棵树可能是某人生命的一部分，它有灵魂、有声音，人与它共命运，等等。南美洲的一些印第安人会向你保证说，它们是红鹦鹉，虽然它们很清楚自己没有羽毛，长得也不像鸟儿。在原始人的世界里，事物之间没有清晰的界限，不像我们现代社会。我们所说的心灵认同或者神秘参与，在我们的世界里已经被剥去了。正是这个光圈，或者威廉·詹姆斯所说的"边缘意识"使得原始社会具有多姿多彩的特点。这点在我们这个世界已经丧失到一定的程度，以至于我们再次遇到它的时候认不得，并且因为不理解而感到困惑。对我们来说，这些事情都被置于意识临界点之下；当它们偶尔现起的时候，我们认为肯定是哪儿出了问题。

不止一次有高学历或者有文化的人来咨询我，他们对自己奇怪的梦、无意识的想象或幻想感到害怕或震惊。他们认为精神正常的人不会出现这种情况，并且有幻想的人肯定是心理有问题。我认识的一位神学家，有一次坦率地宣称他相

第三章 梦的语言

信以西结的梦是病症,并且摩西和其他先知听到"声音"是因为他们产生了幻觉。因此,当类似自发的事件发生在他自己身上时,他自然会感到恐慌。我们对这个世界理智的表面如此适应,已经不能想象在常识这个范围的内部会发生什么不妥的事情。如果我们的心偶尔发生完全出乎我们意料的事情,我们会感到恐慌,马上会想到自己是否病态失常。而原始人会想到偶像、神灵或者上帝,而不会怀疑自己精神错乱。现代人的状态,就像一个本人患有精神病的资深医生。我问他怎么了,他说他度过了一个美妙的夜晚,用氯化汞给整个天堂消毒但没有发现上帝的踪影。我们发现,代替上帝的是神经病或更糟糕的东西,而且对上帝的恐惧已经转化为厌恶或者焦虑症。这种情感没有变化,只是对象的名称和性质都变得更糟了。

我记得有一位哲学和心理学教授,向我咨询他的癌症恐慌症。他强迫性地深信自己有恶性肿瘤,虽然拍了几十张 X 光照片也没发现肿瘤。"噢,我知道什么事也没有,"他会说,"但还是可能会有肿瘤。"这种坦白对于一位高级知识分子来说,肯定比原始人承认被鬼折磨更丢脸。恶意的鬼神在原始社会至少是完全可接受的假设,但是要文明人承认自己是仅仅幻想这个愚蠢的恶作剧的受害者,是极为惊愕难过的事情。原始的强迫症并没有消失,一如既往地存在。只是对它的解读变了,变得更加令人憎恶。

很多梦的意象和联想与原始的理念、神话和仪轨相似。弗洛伊德称这种梦的意象为"原始遗存"。这个词表明它们是远古时代遗留下来的心灵因素,在我们的现代心灵依然存在。这种观点部分构成了一种普遍存在的对潜意识的轻视,认为它只不过是意识的依附。或者,更激烈地说,认为潜意识就像一个垃圾桶,收集显意识所有的废物——所有丢弃的、无用的、没有价值的、被遗忘和被抑制的东西。

在更近一些的时代,我们必须摒弃这样的观点,因为进一步的研究已经发现梦的意象和联想是潜意识的正常构成。它们既可以在高学历者身上观察到,也可以在文盲身上观察到;既可以在聪明人身上观察到,也可以在愚笨的人身上观察到。它们绝对不是死的或无意义的"遗存",相反,继续发挥作用,并且因其"历史"性质而有重要价值。它们是一种语言起到桥梁的作用,连接着我们有意识地表达思想的方式和更原始、多彩以及画面的表达形式。后者对我们的感觉和情绪有直接的吸引力。我们需要这种语言来把一些"文化"

第三章 梦的语言

形式（完全不起作用）的事实转化成一种切中要害的形式。例如，有一位女士因其愚蠢的偏见和固执己见而闻名。医生徒劳无功地试图给她灌输有洞察力的见解。他说："我亲爱的女士，你的观点实际上很有趣，也很新颖。但是你看，不幸的是很多人都没有你这样前提假设，也没有你这样的耐心。"他完全是对牛弹琴。但是梦采用了完全不一样的方法。她梦到自己被邀请参加一个盛大的聚会。女主人（一个很聪明的女人）在门口迎接她说："哦，你能来真是太好了，你的朋友都已经来了，他们在等你。"女主人把她带到一个房门口，打开门，那位女士走进去——那是个牛棚。

这是一种更具体、更激烈的语言，简单得连笨人都能懂。虽然这位女士不会承认梦的内涵，但是不论如何这个梦表达出了要点。过了一段时间她不得不接受了，因为她无法对这个自己给自己开的玩笑视而不见。

潜意识信息所表达的重要性，超出人们的想象。由于意识要面对外在世界各种各样的吸引，被分神，它很容易就会迷失，被引诱走上并不适合自己的路。一般来说，梦的功能就是通过心理均衡制造补充或弥补性的内容，来平衡这种干扰。如果梦到高得令人头晕的处所、气球、飞机，飞行又下坠，通常伴随的显意识的状态有虚构的假设、高估自己、不切实际的想法、浮夸的计划。如果不留心梦的警告，现实中会发生事故。人会绊脚、摔下楼梯、撞车等。我记得一个案例，有个人卷入许多可疑的事件，难以逃出。他于是对登危险的山产生一种近乎病态的热情，这是作为一种补偿：他想要"超越自己"。在一个梦里，他看到自己离开一座高山的山顶，步入空中。当他把这个梦告诉我时，我立刻看到他的危险，并且尽我最大的努力强调我的警告，试图说服他有必要克制自己。我甚至告诉他，这个梦说明他会死于登山事故。但是白费力气。六个月之后他"步入空中"。当时有一位登山向导看着他，他和一个年轻的朋友在一个危险的地方沿着绳子向下去。那位朋友发现山壁上有个突出的地方，可以临时踩脚，做梦的朋友则跟着他往下。突然他松开绳子，"似乎跳到空中"，向导后来这样说。他摔到朋友身上，两个人都掉下去，摔死了。

另一个典型的例子，是一位自傲的女性过着自认为卓越和苦行的生活。但是她会做一些令人震惊的梦，梦到各种各样讨厌的东西。当我指出这些梦的实质时，她愤怒地拒绝承认。然后她的梦变得很险恶，充满她在小镇附近树林里的长

第三章 梦的语言

而孤独的散步,散步时她沉浸于灵魂的沉思中。我看到危险并且坚持劝告她,但是她不听。一个星期之后,她遭到性变态者的侵犯,几乎被谋杀,只是紧要关头人们听到她的喊声才幸免于难。很显然,她心底是渴望有这种冒险的,而且她宁愿付出断两根肋骨、喉咙软骨骨折的代价。这就像那位登山的人,至少获得一种满足感,以一种确定无疑的方式摆脱困境。

梦境对某些情况准备、宣告或者是警告,而且常常是在这些情况实际发生以前很长时间。这不一定是一种奇迹或预知。大多数的危机或危险境况都有很长时间的孕育期,只是显意识不能觉察到。梦可以出卖秘密。它们经常出卖秘密,但只是经常到看起来不像出卖秘密。因此,如果我们假设有一只仁慈的手及时制止我们,这种假设是令人怀疑的。或者,更正面地说,有一个仁慈的媒介,有时起作用,但有时不起作用。这神秘的手指甚至能指向毁灭。在对待梦的时候,我们不能天真,我们付不起这样的代价。它源自于一种精神,这种精神并不完全是人类的,而是大自然的呼吸——大自然就像美丽、慷慨却又残忍的女神。如果我们想概括这种精神,最好从神话和原始森林的传说里去寻找。文明是一个昂贵的过程，得到文明我们是付了极其高昂的代价的。这种代价，我们已经忘得差不多，或者从未了解。

通过努力去理解梦，我们了解了威廉·詹姆斯所说的"边缘意识"，这种说法很恰当。看似多余或不受欢迎的附属，如果认真研究，会是显意识活动几乎隐秘的根源。也就是说，是显意识活动的潜意识部分。它们是一种心灵材料，我们要把这种材料视为潜意识和意识活动之间的一种中间媒介，或者一座连接意识与心灵的终极心理基础的桥梁。这种桥梁在现实中的重要性怎么强调都不为过。它是意识这个理智世界与直觉世界之间的连接。我们的显意识越被偏见、幻想、婴儿时期的愿望以及外在事物所影响，这种已经存在的间隔就会越大，成为神经症的意识分离。这会致使我们的生活远离健康的直觉、自然和真理。梦试图通过恢复表达潜意识状态的意象和情感，来重建平衡。我们很难通过理性谈话来回复到原初状态，理智谈话太平淡，毫无色彩。然而，正如我举的例子所显示，梦境所提供的意象正好对深层心灵有吸引力。我们甚至可以说，对梦的解析丰富了显意识，以至于让显意识重拾直觉已经遗忘的语言。

如果说直觉是一种生理驱动，感官能觉知到它，同时它

第三章 梦的语言

会表现为想象。但是如果感官不能觉察到它,它就只能以意象显示。但直觉现象绝大部分显示为意象,而且其中很多具有象征性,其含义并非直接能懂。我们发现,它们大部分处于一种黄昏地带,也就是在模糊的显意识与梦的潜意识背景之间。有时候有些梦如此重要,梦的信息会传递到显意识,不管多么令人震惊。从一般意义上的心理平衡以及生理健康这个角度来说,显意识与潜意识最好是联结的、平行移动的,而不是分离的。就这点而言,可以认为象征的产生具有非常宝贵的功能。

人们很自然会想:如果象征没有引起注意,而且也已证明我们认识不了它,那它的功能有什么意义呢?然而,缺乏主观理解完全不意味着梦就没有作用了。即便是文明人偶尔也会意识到,有的梦他记不起来,但多少会影响情绪,不管是好的影响,还是不好的影响。在某种程度上是可以通过潜意识来"解"梦的,而且梦主要是潜意识运作。只有在梦表达得非常明显,或者经常重复出现的时候,才会想要去解析和以显意识去理解。但是在有病症的情况下,解析是必须的,也应该进行,除非另有情形显示解析是不妥的。例如有潜在的精神病存在,那是在等待一个释放的渠道以爆发其全部力量。这种情况过去如此，现在也是如此。不建议对梦进行愚笨而低能的分析和解读，尤其是如果严重一边倒的显意识和相应不理智或"疯狂"的潜意识之间存在分离。

鉴于意识的内容有无限的种类，意识从理想的中线偏离亦是如此，那么潜意识的弥补也同样的无限。因此我们很难说梦和梦的象征能不能分类。虽然有的梦和偶尔的象征——在这里称之为主题更合适——是典型而且经常出现的，多数的梦是特别的、非典型的。典型的主题是下坠、飞行、被危险的动物或人追赶、在公众场合穿得太少或太可笑、匆忙或者在拥挤的人群里迷失方向、用失效的武器战斗或完全没有防备、奔跑但哪儿也去不了，等等。一个典型的婴儿主题是梦到变得无限小或无限大，或从一个人变为另一个。

一个值得注意的现象是经常发生的梦。有的梦是从孩童时候开始，一直到成人且年纪很大都重复出现。这种梦通常是要弥补我们显意识态度的缺陷，或是源自早先造成了偏见的精神创伤，或是预示着未来某个重要事件的发生。我自己曾有个梦的主题，在几年时间内多次出现。我梦到自己的房子配楼里有个地方，我不知道还有那个地方存在。有时候梦到的是我父母住的地方——他们已经去世很长时间了——在

第三章 梦的语言

那里,出乎我的意料,我父亲有个实验室供他研究鱼的解剖比较学,而我母亲经营一家旅馆,有神秘的客人。通常这个配楼或独立的客房是座有几百年历史的建筑,早已被遗忘,但确是我祖上的财产。里面有有意思的古老家具,并且在这个重复出现的系列的梦的结尾,我会发现一个古旧的图书馆,里面的书我没有见过。终于我在最后一个梦里打开一本老书,并且发现里面有大量的不可思议的象征的图片。当我醒来时,心情激动。

在做这个梦的一段时间之前,我从国外的古书商那定购了一本拉丁文炼金著作。因为我遇到一个引文,我觉得这个引文是与早期拜占庭炼金术有关的,就想证实这一点。做了这个梦几个星期之后,我收到一个包裹,里头的16世纪羊皮卷古书里有极有意思的象征图片。这些图片即刻让我想起我的那个关于图书馆的梦。因为重新发现炼金术是我心理学前沿研究的一个重要组成部分,所以在我的房子里发现未知的配楼这个梦的主题,可以很容易理解为预示着研究和兴趣的新领域。不论如何,自从三十年前的那个时刻起,这个重复出现的梦就停止了。

象征和梦一样都是自然产物,但是象征并不只在梦里出现。象征会在许多心灵表达中出现：有象征意义的念头和情感、象征意义的行为和情境。并且似乎象征结构经常不仅包含潜意识，而且还有没有生命的物体会与潜意识同时出现。这点已经有无数被证实的例子，比如时钟会停在它的主人死亡的那一刻，像腓特烈大帝夏宫的摆钟；危机发生之前或之时镜子破裂、煮着的咖啡壶爆炸，等等。即便有怀疑的人会拒绝承认传闻，但是类似的故事一再发生、不断被讲述。这充分证明了其心理重要性，虽然无知者会否认其事实存在。

然而最重要的象征从其性质和起源来说，并不是个体的而是集体的。很多这些集体的（共同的）象征在宗教里可以找到。教徒们相信它们的来源是神圣的——是被启示的。怀疑论者认为它们是人造的。二者都是错的。确实，一方面这种象征已经被人为精心地阐释和区分，多少世纪以来都是如此，就像对教理那样。但是另一方面，它们是一种集体表征，可以追溯到混沌的远古年代。如果要说它们是被"启示"的，只能从它们是源自梦与创造性幻想这个角度才能这样讲。后者是一种无意识的、自发的表达，绝对不是主观的、有意识的创造。

从来不曾有哪位天才，拿着钢笔或毛笔坐下来，说："我

第三章 梦的语言

现在要创造象征了。"没有人能够通过逻辑推导得出结论，或通过有意识选择得出几乎是理智的想法，然后把它伪装成"象征的"梦幻影像。不论这个陷阱看起来多迷人，它仍然是一个符号，实际表达的是显意识思想而非象征。符号总是小于它所指向的东西，而象征却总是大于我们乍一看所能理解的内容。因此我们不会停留在符号上，而是直接奔向它所指的目标；但我们停留在象征上，因为它的内涵远远超过已经显示出来的。

如果梦境的内容与性的理论能对应，那我们已经知道了它的实质。但是如果梦境是有象征意义的，我们至少知道我们还不懂。象征不会隐藏，它会随着时间而显示其内涵。显然，如果你认为梦是有象征含义的，那么你解析梦会得出一种结论。而如果你认为原则上已了解了这个梦的思想，只是其主要思想被伪装了，那么你解析梦得出完全不同的结论。后一种情况下，析梦毫无意义，你分析出来的都是你已经知道的。因此我总是这样建议我的学生："尽可能多地了解象征，但当你分析梦时，要把你所学的全忘掉。"这个建议在实践中十分重要，因此我自己总是承认，我学得不够，还不能正确解析梦。我这么做是为了控制自己自发的联想和回应，因为跟患者自己的不确定与犹豫比起来，我的联想和回应有时候会更占优势。分析梦的人要尽可能准确地获取梦的信息，这点对疗愈来说至关重要。因此要极为彻底地探索梦境的来龙去脉，这是绝对必要的。跟弗洛伊德一起工作时，我做过一个梦非常清楚地说明了这一点。

我梦到自己在"我的房子"里，明显是在第一层一个温暖、舒适的客厅里。这个客厅的装修是18世纪的风格。我感到很惊讶，因为我发现自己从来没见过这个房间，因此我想看看楼下是怎样的。我下楼，发现楼下很黑，墙是镶板的，家具很沉，是16世纪或者更早的。我感到十分震惊。我的好奇心也在增长，因为这是一个非常意外的发现。为了更了解这个房子的结构，我想我要走到地窖去。我发现一个门，有一段石梯通向一个很大的圆顶房间。房间的地板是由很大的石板铺成，令我印象深刻的是墙很古老。我仔细检查泥灰，发现混有砖屑。很明显，这是古旧的罗马墙。我开始感到兴奋。在一个墙角，我看到石板上镶了一个铁环。我拉起铁环，又看到一段狭窄的石梯通向一个洞。那个洞明显是一个史前坟墓。里面有两个头骨、其他一些骨头，还有陶瓷碎片。然后我就醒了。

第三章 梦的语言

如果弗洛伊德在解析这个梦的时候用了我的梦境探索法，那他会听到一个影响深远的故事。但是恐怕他只会觉得这个梦只不过是试图逃避他自己现实生活的某个问题。这个梦其实是对我的生命的一个简短总结——我的心路历程。我在一个有两百年历史的房子里长大，我们的家具大部分都是两百年的古旧物。在思想方面，我最大的探险是学习康德和叔本华。我们的时代最大的新闻是查尔斯·达尔文的著作。在此之前不久，我和父母生活在一个还是属于中世纪的世界，这个世界里神圣的全能和天意主宰一切。这种世界是古旧陈腐的。由于我接触了东方宗教和希腊哲学，我对基督教的信仰变得相对化了。正是因为这个原因，梦中房子的第一层沉静、黑暗，并且明显没有人居住。

我在解剖学院任助理时，专注于比较解剖学和古生物学。后来我对历史的兴趣是由此而产生。我沉迷于化石人的骨头，尤其是被广泛讨论的尼安德特人以及有争议的杜邦所说的猿人。事实上，这是我的梦真正的联想所在。但我不敢对弗洛伊德提及头盖骨、骨骼或者尸体，因为我知道他不欢迎这个题目。他有一个奇怪的想法，认为我希望他早死。他之所以得出这个结论，是因为我对不来梅港一个叫石墨地窖里的干尸感兴趣。我们在 1909 年去美国途中曾一起参观过那个地窖。

因此我很不愿意把自己的想法表达出来，因为最近的经历让我深深感受到，弗洛伊德的思想观点以及背景与我的之间有一道不可逾越的鸿沟。我很害怕如果我把内心世界向他打开，会失去他的友谊。如果我总结出我的内在世界，他会觉得很奇怪。我对自己的心理感到不确定，所以关于我的"自由联想"我总是不自觉地对他撒谎。这是为了避开一个艰难的任务，避免让他知道我个人与他完全不一样的心灵。

我很快意识到，弗洛伊德式的愿景与我的完全不同。因此，我小心翼翼地提示说，那些头盖骨可能是让我想起我的某个家庭成员，也许因为某些原因我希望他们死去。我提出的说法得到他的认可，但我自己对这个"假的"解决方法并不满意。

当我试图对弗洛伊德的问题寻找一个合适的答案时，我突然对主观因素在心理理解中起到的作用产生一种直觉！我为自己的这个直觉感到困惑。这个直觉力量太强大了，以至于我唯一的想法就是摆脱这种令人难以忍受的缠结。我采用了一种不费力的出离方法，那就是撒谎。这并不光彩，在道

第三章 梦的语言

德上我也没有可以为自己辩护的地方，但是如果不这样做，我就可能会与弗洛伊德有致命的争吵——出于种种原因，我当时承受不了。

我的直觉是一种突然的、十分意想不到的领悟。那就是我发现一个事实，我的梦所关系的是我自己、我的生命、我的世界和我的全部现实，而非别人、一个有自己理由和目的的人所确立的一个理论结构。那不是弗洛伊德的梦，那是我的梦；突然，电光火石间我明白了自己的梦是什么意思。

很抱歉我要用这冗长的描述来说明我因为给弗洛伊德讲述自己的梦而陷入困境。分析者与被分析者之间的个人差别不容忽视。

这个层次的梦的分析，与其说是技巧，不如说是两个人格互动的辩证过程。如果当作技巧来处理，那么就排除了所分析的主题的特点。这样一来，疗愈就沦为一个简单的问题：谁占主导地位？正是出于这个原因，我放弃了催眠治疗，因为我不想把自己的意愿强加给别人。我希望疗愈的过程是从患者本人的个性中自然生发，而非来自我的建议，其效果十分短暂。我想要保护和维护我的患者的自尊、自由，让他能够按自己的意愿生活。

弗洛伊德几乎除了性没有别的兴趣,我不能认同。性在人类的动机中所起的作用确实不容忽视,但是很多时候它比不上饥饿、权力的驱动、野心、狂热、嫉妒、报复、如饥似渴的创作冲动以及宗教精神。

我第一次意识到,我们在对人类和人类的心灵的整体建立理论之前,应该对真实的人有更多的认识,而不仅仅是对现代人这个抽象概念有个了解。

第四章 梦的解析中的类型问题

在所有其他学科里,先对客观事物有一个假设是合理的程序。但是在心理学中,我们不可避免要面对两个活生生的人之间的关系,其中哪个人都不可能没有主观性,也不可能以某种方式使哪一位失去个性。他们可能会一致同意以冷静、客观的方式去处理某个既定的主题,但是当他们要讨论的是整体个性时,两个不同的主题就冲撞了,也不可能遵循单向的规则。只有在这两位达成一致意见时,才有可能取得进展。只有与个体所处的社会环境中大体有效的标准相比较,并且我们必须考虑个体本身的心灵平静程度、或"心智健康",才能确定最终的结果是客观的。这并不意味着最终的结果必须完全是个体的集合,因为那样是非常不自然的。相反,一个健康正常的社会应该是人们习惯性地相互反对。如果超出本能特性这个范畴,一致同意的情况是相对罕见的。分歧是社会精神生活的一种存在形式,但它并不是目标;一致意见也同样重要。这是因为,心理活动是以各种对立面的平衡为基础的。如果没有考虑一件事情的反面,所做的判断就不能说是最终的。之所以有这样的特点,是因为不可能存在心理之上或之外的观点能让我们对心灵是什么做出最终的判断。我们所能想象的任何事情,都是处在心理状态中的。也就是说,它们是处在意识表达当中。物理学的难题就是要摆脱这种状态。

虽然个体是唯一真实的存在,但是概括总结也是必要的,因为需要对实验观察材料进行说明和分类。如果仅仅是描述个体,显然是不可能提出或讲授任何心理学理论。作为分类的原则,我们可以选择相似性,也可以选择差异性,只要它们具有充分的普遍性。不管这种相似或差异是什么性质的,结构上的、生理的、还是心理的。我们的目的主要是心理学,因此我们的归纳主要是关于心理,也就是存在一个广泛普遍的、容易观察到的事实:许多人是外向的,除此之外的其他人是内向的。这些词汇不需要特别的解释,因为它们已经变成了日常用语的一部分。

第四章 梦的解析中的类型问题

这是诸多归纳中我们可以选择的一种。如果我们的目的是要描述如何来理解梦作为自然象征的主要来源，那样的归纳就是很合适的。正如我在前文所言，解析梦的过程就是分析者和被分析者两个心灵面对的过程，而非运用某个预设理论的过程。分析者的心有其作为个体独有的许多特点，也许和被分析者一样多。这些特点会造成偏见。我们不能假设说，因为某人是医生并且掌握某个理论和相应的技巧，他就是超人。如果他自认为他的理论和技巧是绝对的真理，能够含括心灵的全部，那他只是想象他自己高人一等而已。因为这种假设十分可疑，他真的不能对自己的臆测有把握。他采取这种态度的话，会遭遇很多秘密的质疑。这是因为他以理论和技巧（这种理论和技巧只不过是假设而已）去面对被分析者的全部人性，而非拿自己生命的全部去面对。只有他自己人性的全部，才能与被分析者的人格对等。对于分析者来说，心理学的经验和知识只不过是一种有利的职业条件，不能令他免受这种质疑。他与被分析者一样都要经过考验。

因为对梦进行系统性分析需要两个个体相互面对，因此他们的态度类型是否相同，对结果有重要影响。若是类型相同，二者可以愉快合作很长时间。但如果一位外向，另一位内向，他们有差异且相互矛盾的观点可能立刻引发交锋，尤其是当他们意识不到自身的类型，或确信只有自己正确的时候。很容易犯这样的错误，因为对一方有价值的，就是对另一方无价值的。一方会选择大众观点，另一方则恰恰因为这是大众口味而反对这种观点。弗洛伊德自己把内向型解释为病态地专注于自身。然而内省和自我了解也可以是极有价值的。

外向型强调外在，内向型强调自己处理境界的方式，二者显然差别不大，但在分析梦的过程中会有很重要的影响。从一开始你就必须记住，一方欣赏的或许恰恰是另一方非常不喜欢的，一方的最高理想或许是另一方厌恶的。你越是深入细致了解这两种类型的差别，就越是了解这种反差。内向和外向只是人类行为诸多特点中的两种，但它们通常比较明显、容易辨认。如果我们去研究外向型的个体，我们会发现外向型的人之间有很多不同之处，外向只是一个表面的、过于泛泛的标准，不能真正算作特征。这是为什么我在很久以前就试图进一步寻找一些基本的特征，想要使表面看起来无限的人的个性变得有序些。

第四章 梦的解析中的类型问题

有一个事实一直让我感到诧异。有大量的人，数量惊人，能不用脑子就不用脑子，但是他们不笨；有同样多的人显然是用脑子，但是惊人的笨。我还诧异地发现，很多聪明而且十分清醒的人，生存着（至少看起来是这样的）但就像从来没学会使用他们的感官。他们看不见眼前的事物，听不见传到耳朵里的话，注意不到触碰过或尝过的东西，生存但觉知不到自己的身体。还有的人似乎活在一种十分奇怪的意识状态里，就好像他们今天所处的状态就是最终的，不会预见到有变化。或者就像世界和心灵都是静止的，永远也不会变。他们好像完全没有想象力，完全地依赖于感官知觉。在他们的世界里不存在任何变化和可能，在他们的"今天"里不存在"明天"。未来就是过去的重复。

我在此试图向读者传达的，是我开始观察所遇到的形形色色的人给我的最初印象。很快我就明白，那些用脑子的人，是去"想"，去使用他们的思考功能以适应人和环境；那些同样聪明但不动脑子的人，是通过感觉去寻找适应方式。在这里需要对"感觉"做一些解释。例如，在指情感（对应法语的 sentiment）时，我们会说"感觉"。但是在表达观点时，我们也会用这个词；白宫发文可能这样开头："总统觉得……"

或者我们也会用它来表达直觉:"我感觉……"最后,我们常常混淆感觉与感受。

我所说的与"想"相对的"感觉",是一种价值判断:喜欢或不喜欢、好或坏等。这种"感觉"不是一种情绪或影响,而是一种无意识的表达,正如这个词本身传达的。我所说的"感觉",是一种判断,不像情绪那样带明显的生理反应。像"想"那样,这是一种理智的功能;而直觉则是像感受那样,是一种不理智的功能。只要直觉是一种"预感",那它就不是意识行为的结果;相反它是无意识的,依赖于不同的外在或内在情况,而不是主观判断。直觉更像感官觉知。感官觉知本质上是取决于外在或内在刺激,源自身体而非心理原因。

这四种类别的功能,对应意识获得其方向的明显的方式。"感受"(或感官觉知)告诉你事物的存在;"想"告诉你它是什么;"感觉"告诉你它是你喜欢的还是不喜欢的;"直觉"告诉你它从哪里来,到哪里去。

读者应该明白,这四个标准只是许多观点中的四种,还有其他,例如:意志、性情、想象、记忆、道德、宗教信仰等等。它们完全不是教条的,也没有自诩为心理学的终极真理;

第四章 梦的解析中的类型问题

但是它们的基本性质使之成为适当的分类原则。如果分类不能起到导向的作用，也没有实际的用语来表达，那么意义就不大。我发现，当我需要向孩子解释父母、向妻子解释丈夫，或者反过来时，分类尤其有用。在了解我们自己的偏见时，分类也很有用。

因此，如果你想了解另外一个人的梦，你必须要牺牲自己的偏好、抑制自己的偏见，哪怕是暂时如此。这并不容易也不会令人觉得舒服，因为这需要道德的努力，并不是每个人都喜欢这么做。但是如果你不有意识地去批判自己的立场，去承认自己的观点是相对的，那么对于被观察者的心理，你就不会获得正确的信息，也不会有足够的洞察力。因为你期望患者至少愿意来听你讲话，并且认真对待你所说的话，那么患者也应该有同样的权利。这种关系对于获得任何理解来说都必不可少，因此其必要性是不言而喻的。尽管如此，我们还是要一次又一次地提醒自己，心理治疗的过程中更重要的是让患者有所了解，而不是实现分析者理论上的预设。患者对分析者的抵触不一定就是错的，这是一个迹象，说明哪里不对劲。要么患者还没有到他能理解的时候，要么就是分析者的分析不合适。

我们在解析别人的梦的象征之时，尤其容易被一种难以控制的习性所阻碍，那就是通过投射去填满理解上的空缺——也就是说，我们假定自己的想法也是同伴的想法。这种错误的根源是可以避免的，那就是要完全了解梦境并且排除一切理论假设——只除了一个启发性的假设：梦是合理的。

梦的解析没有规则，更没有定律，虽然说梦看起来确实总体来说是一种弥补。至少，弥补原则是一种最有希望的、最丰富的假设。有时候，明显的梦会从一开始就显示它的弥补性。例如，一个自我感觉很好、道德优越感很强的人梦到一个喝醉的流浪汉在路旁的沟里打滚。做梦的人（在梦中）说：“人居然能堕落到这个地步，多可怕啊！”很明显这个梦是试图降低他高举的自我，但是又不止于此。后来发现他家有败类，他有个弟弟是堕落的酒鬼。

在另外一个案例里，一个女士以她自己对心理学的理解能力为骄傲，经常梦到她在社交场合偶尔会遇到的一个女人。在现实生活中她不喜欢那个女人，认为她虚荣、不诚实而且爱耍阴谋。她觉得疑惑，为什么会梦到一个这么不像自己的人，但在梦里这个人又如此友好亲密，就像姐妹一样。很显

第四章 梦的解析中的类型问题

然,这个梦想要向她传达一个信息,那就是她潜意识的性格就像梦中的女人,她受自己的潜意识影响。因为她主观上对自己有一个非常明确的看法,所以就意识不到自己的权力情结,也看不到自己可疑的动机。这种情结和动机已经不止一次引发不愉快的场景,但对此她总是归咎于别人,从来没有想过这是自己的模式导致。

不仅是阴影的一面容易被忽视、不予理会、压抑,正面的东西也会遭受同样的对待。一个例子就是表面上很谦虚、低调的人,别人都对他有好感,总是充满歉意和恳求,虽然看起来都非常礼貌地坐后排但从不放弃任何一个在场的机会。他见多识广、有能力,做出的判断有价值。然而,他处理问题的方式总是显得远低于问题应有的层次。在梦里他常常遇见像亚历山大大帝和拿破仑这样的伟人。很清楚,他明显的自卑情结由梦里这样重要的人物来弥补。但是与此同时,这个梦提出了一个很关键的问题:如果我见的都是这样卓越的人,那我自己得是什么样的人?从这点来说,这些梦表明做梦的人其实是个隐秘的妄想自大狂,这样才能矫正他的自卑情结。在他自己都没有意识到的情况下,伟大这个念头使他免受周围任何环境的影响,什么也刺穿不了他的皮肤,因此他能够避开一些让他自己被他人所束缚的义务。他一点都不认为自己有必要向同伴们证明，他高明的决策是有相应根据的。他不仅是一个单身汉，而且精神上也是不育的。他只善于散布暗示和低声地说自己有多重要，但是没有纪念碑见证他的事迹。他一直是在无意识的状态下玩这种疯狂的游戏。通过一种奇怪而模糊不清的方式，他的梦试图让他了解一句拉丁谚语所言：愿意的人，命运领着走；不愿意的人，命运拖着走。与拿破仑过从甚密，或者能与亚历山大对话恰恰是有自卑情结的人会希望的事情——一种对深藏不露的伟大的宏大确认。这真的是如愿以偿，期望成功而不必有获得成功的必要条件。但是我们会问：为什么梦不能公开直接？为什么不清楚地说出来，而是总是用最使人困惑的花招呢？

我频繁地被问到这个问题，我自己也在问同样的问题。我经常对梦的这种含蓄的方式感到惊奇，它似乎避免给出确定的信息，或者会漏掉一些决定性的要点。弗洛伊德设想这是因为存在一种特别的因素，叫做"潜意识压抑力"。他认为这个因素就是要扭曲梦境，使之难以识别或者有误导性，从而蒙蔽做梦的意识，不让它发现梦的真正主题：不匹配的期望。他认为，通过隐藏关键点，做梦者的睡眠就不会被不愉

第四章 梦的解析中的类型问题

快的回忆扰乱。然而，梦是睡眠的守护者这个假设是不能成立的，因为梦照样常常干扰睡眠。

实际上这似乎并不是"潜意识压抑力"，反而是意识，或者做梦的人对待意识的方式压抑了潜意识内容。潜意识对应的是珍妮特所说的"心神的丧失"。做梦时显意识活动失去活力，降到临界点之下，失去了其作为显意识活动所具有的特质。它们不再具体和清晰，联系也变得模糊相似，不再理性、易懂。这是一种在与梦相似的情境中能观察到的现象，不论是因为疲累、发烧，还是中毒而出现这样的情境。不过一旦意识活力增强，这种潜意识状态就会减轻，会变得更加清晰，更加显意识。我们没有理由相信是"心神的丧失"屏蔽了不匹配的期望，尽管有时候这样的愿望会随着显意识的消失而消失。梦在本质上是一个潜意识的过程，不会产生明确的想法，除非它突然转变成显意识而不再是个梦。对显意识至关重要的点，梦都不得不跳过去。它表达的是"边缘意识"，就像日全食时微弱的星光。

梦的象征在很大程度上是心灵的表达，超出意识控制的范围。意义和目的并非显意识的特权，而是在整体的生命本质中起作用。身体的构造与心灵的构造，并没有什么原则上的差别。就像一株植物会开花一样，心灵会创造象征。每个梦都是这种过程的一个证据。因此，通过梦、直觉、冲动以及其他无意识的心理活动，直觉的力量影响显意识活动。这种力量是好还是坏，取决于潜意识活动的具体内容。如果包含了太多一般来说本应属于显意识的内容，那么它的功能就会被扭曲，偏见就会产生；产生的动机就不是基于真正的直觉，而是由于它因为压抑或忽视而被扔弃到潜意识。可以说，它们与正常的潜意识心理有很多重合的地方，并且扭曲了自然的产生象征的功能。

因此对于注重干扰产生的原因的心理治疗来说，通常开始是让患者主动承认所有他不喜欢的、感到羞愧的或害怕的东西。这就像教堂旧时的忏悔，这种忏悔在很多方面与后来的心理学技巧是一样的。但是在实践中，这个程序经常是倒过来，因为严重的自卑和脆弱可能会使得患者很难，如果不是不可能的话，面对内心更深的黑暗和无用的感觉。我常常发现，先给患者一个积极的前景比较有效，这样他能有立足之地，然后才去面对痛苦的、令人觉得虚弱的发现。

一个简单的例子是"抬高自我"的梦，梦见自己与英国女王喝茶，或与教皇私交甚好。如果做梦的人没有精神分裂症，那么对于这个梦的象征的解读，很大程度上取决于他的显意识状态。如果他很明显深信自己很伟大，那么需要给他泄泄气；但是如果这人像一只小虫已经被自卑的重压所压垮，你再去贬低他，就很残忍了。在前一种情况下，我们很自然会发现需要贬低治疗。而且联系的材料也能很容易说明，做梦的人动机是多么幼稚和不当，他们有多模仿婴儿梦，希望与父母平等或超过父母。但是在后一种情况下，压倒一切的丧失自我价值感已经降低了所有光明面的价值。在此之上如果要告诉做梦的人，他有多幼稚可笑，乃至于错误，都是不合适的。这样的治疗只会增长他的自卑，并且让他变得不喜欢，或者抵触治疗，这都是不必要的。

不存在一种普遍适用的治疗技巧或原则，因为寻求治疗的每一个病例都是独特的，有其具体情况。我记得我给一名患者治疗的时间长达九年。每年我只能见他几个礼拜，而且他住在国外。从一开始我就知道他真正的问题在哪里，但我同时也看到，当我试图靠近真相的时候，就遇到他激烈的反应和自我防护，几乎要让我和他完全决裂了。不论我喜欢与否，我都尽最大的努力维持我和他之间的和谐。我顺着他的心意，并从他的梦里面找东西支持他。尽管这么做使得讨论偏离了问题的核心，那些本应该讨论的合理的东西，都没有进行。我们已经偏离得太远，以至于我常常指责自己引导患者误入歧途。只是他的状态渐渐地又明显地有好转，我才没有残忍地把真相告诉他。

但是到了第十年，病人自己声称治愈了，说自己已经什么症状都没有了。我觉得很惊讶，正准备怀疑他的话，因为从理论上说他不可能已经治愈了。他看到我惊讶，微笑着说："现在我要特别感谢你无穷的机智和耐心，帮助我回避我这个神经症的成因，这个原因对我来说很痛苦。我现在准备好了，可以告诉你一切。如果我当时有现在这个能力，从咨询的一开始就已经对你说了。但那样的话就会破坏你我之间的和谐，那我现在会怎样呢？我就会精神崩溃，失去支撑，脚下没有立足之地。在这些年里我已经学会信任你，随着我对你的信心增长，我的状态也有好转。我的状态有改善，是因为我的自信心恢复了。我现在足够强壮，能和你讨论打击我的问题了。"

然后他做了一个极为直率的坦白，让我明白了我们的治疗为什么会有这样一个过程。一开始的震惊太大，使得他无

第四章 梦的解析中的类型问题

力独自面对，需要我们两个一起去面对。而这恰恰是治疗的任务之所在。治疗不是为了证实某种理论。

从类似案例中我学会了随顺患者及其性情所呈现的情况，而不是坚持运用某种可能不适用于具体案例的理论。六十年来积累起对人性的真实了解，教会我把每一个案例都当作新的，对每个案例都应该具体情况具体分析。有时候我毫不犹豫地扎入对婴儿事件和婴儿情结的仔细研究；其他时候我是从上往下，哪怕这意味着飙升到最离谱的形而上学思维的迷雾之中。这完全取决于我是否能够听懂患者所说的话，是否能顺着他走向光明的探索。不同的情况需要不同的处理方法。这是在个体之间存在的差别。

这点对于解析象征来说也尤其如此。两个不同的人做了同一个梦，一个是老人，另一个是年轻人，扰乱他们的问题也会相应地不同，因此如果对他们的梦做同样的理解是很荒谬的。我想到一个例子，一群年轻人骑马穿过一块开阔地。做梦者本人跳过一条水沟，刚刚好跨过，别的人都掉进沟里了。告诉我这个梦的年轻人，是个小心谨慎、内向型的人，害怕冒险。但是同样做了这个梦的一位老者，则大胆无畏，其生活主动热情。在他做这个梦的时候，正在生病，安不下心来，给他的医生和护士制造了很多麻烦。他的不听话和不安分还让自己受伤了。很明显，同样一个梦，告诉年轻人的是他该做什么，但告诉老人的是他正在做什么。这个梦对年轻人来说会起到鼓励的作用，而对老人来说他简直太乐意冒这个险了。但这种蠢蠢欲动的冒险精神，正是他最大的麻烦。

这个例子告诉我们，为什么梦和象征的解析，很大程度上要看做梦的人他的个性。象征不只有一种含义，它有许多内涵，而且通常会包含相互矛盾的特点。例如，晓明之星，既是众所周知的基督教象征，同时也象征着魔鬼（Lucifer）。正确的解析取决于语境，也就是关于意象的联系以及做梦者心智的实际状态。

第五章　梦的象征之原型

我们所提出的假设，认为梦起到一种弥补的作用，是非常宽泛而且综合的。这意味着我们相信梦是一种正常的心理现象，把潜意识的反应或无意识的冲动转化成显意识活动。因为只有很少数的梦是明显起弥补作用的，因此对那些具有象征性的梦，我们必须特别注意。这种语言本身就几乎是一门科学。我们已经看到，它有无限多的具体表达方式。如果有做梦的人帮助，我们就可以读懂它，因为他们会提供相关材料，给出梦境的背景，让我们就像环绕着梦一样，从各个角度去解读它。已证实这种方法对于所有一般的梦来说都足够了，例如有亲戚、朋友或病人在聊天时跟你提到做的梦。但如果是非同一般的梦，一直萦绕或者反复出现的梦，或伴随强烈情感的梦，那么做梦人自己提供的个人联想材料，就不足以对梦进行令人满意的解析。在这种情况下，我们就要考虑弗洛伊德已观察到并且做出评论的一个事实，也就是人的梦中经常会出现一些因素并不是关于做梦者个人的，也不是从他的经验中得来的。弗洛伊德把它称为"古代的残存"——从中出现的思想，个人的生命经验解释不了，而似乎是远古时候就存在的、与生俱来的、人类心灵整体遗传下来的模式。

正如人的身体就像器官的博物馆，展示人类的进化史，我们也应当要这样去理解我们的心灵。它的构造也是相似的，并非是没有历史的产物。我说的"历史"，并非心灵通过意识（语言等）的传承进行自我构造的过程，而是其从远古时候的人开始的生物的、史前的、潜意识的演变。原始人的心灵状态仍然与动物相似。这极其古旧的心灵是我们现在心灵的基础，就如同我们的身体结构是建立在哺乳动物躯体之上。训练有素的形态学者一看，就能看到原始构造的痕迹。与此相似的是，有经验的心灵研究者，不可能看不到梦境与原始心灵产物、集体表征或神秘主题的相似之处。但是就像形态学者需要理解比较解剖学一样，心理学家不懂得"心灵比较解剖学"是不行的。一方面，他必须对梦和潜意识的其他产物有足够的经验,另一方面要对最广义的神话有足够的了解。如果对这二者缺乏足够的知识,他就看不出强迫症、精神分裂症、歇斯底里与传统的附体之间的相似之处。

关于"古代的残存",我又把它叫做"原型"或"原始意象"。原型不断地被那些对梦的心理和神话都缺少了解的人攻击。"原型"这个词常常被误解为意指某种特定的神话意象或主题。但如果是这样,那就只不过是显意识的表征,那么认为能够继承这种多变的表征是很荒谬的。相反,原型是人类心灵遗传的一种倾向,能形成神话主题的表征——这些表征可以有很大变化,但不会失去基本的模式。例如,不友善的兄弟这个主题可以有无数的表征,但主题是不变的。这种遗传的倾向是本能的,就像鸟类搭窝、迁徙这样的本能。我们会发现这种集体表征几乎无处不在,表现出相同的或相似的主题。并不是某个特定的时期、某个地区、某个种族才有集体表征。我们还不知道它们的起源,在可以排除通过移民而传播的地方,它们可以自我复制。

我的批评者们还错误地认为我所说的原型是指"遗传的

思想",他们基于这个观点认为原型这个概念纯粹是迷信。但如果原型是我们从我们的显意识中产生,或者是显意识的习得,那么我们肯定就能懂得它们,当它们出现在我们的显意识中时,我们就不会觉得震惊或迷惑。我记得很多的案例,人们来找我是因为对自己或子女的梦感到困惑。原因是梦里有一些意象他们在自己的记忆里无法追溯到,并且他们也无法解释自己的孩子从什么地方得来这些奇怪的、不可思议的想法。这些是受过高等教育的人,有一些本身是精神病专家。其中一位是教授,他突然出现幻象,于是认为自己疯了。他来看我时,处于一种完全的恐慌状态。我只是从书架上取了一本四百年的书,给他看一幅能解释他的幻象的版画。"你不必认为自己疯了,"我告诉他,"他们四百多年前就完全了解你的幻象了。"然后他就完全泄气了,但又恢复了正常。

我尤其记得的案例是,有位男士他本人是精神病专家。他给我一本手写的小册子,这是他十岁的女儿给他的圣诞礼物。这是一个梦的系列,是女儿八岁时候的梦。这是我见过的最奇怪的系列,我完全能够理解,为什么这对于她的父亲

第五章 梦的象征之原型

来说不止觉得困惑那么简单。虽然孩子气,但这些梦有些离奇,包含的意象她父亲完全无法理解其根源。她的梦有以下这些突出的主题:

1. "恶兽":有一头蛇一样的怪兽,长着很多角,会杀死和吞噬其他动物。但是上帝从四个角落出现,以四位上帝现身,让这些被杀死和吞噬的动物获得重生。

2. 升入天堂,那里他们赞美异教徒的舞蹈;堕入地狱,那里天使在行善。

3. 一大群行走的小动物让做梦的女孩感到害怕。这些动物变得极大,然后把她吞噬。

4. 很多小虫、蛇、鱼和人穿透一只小老鼠的身体。小老鼠变成人。这是人类起源的四个阶段。

5. 通过显微镜看一滴水:水里充满了树枝。这是世界的起源。

6. 有一个坏男孩和一团泥。他把泥屑扔到路人身上,他们也变坏了。

7. 一个喝醉的女人掉进水里,从水里出来后变清醒了,也获得重生。

8. 在美国很多人滚进了蚂蚁堆里，蚂蚁攻击这些人。做梦的女孩在恐慌之中掉进了一条河。

9. 做梦的女孩在月球上的一个沙漠里。她深陷地底，一直掉到地狱里。

10. 她触碰幻想中一个发光的球状物。这个球状物散发出水蒸气。然后出现一个男人，杀了她。

11. 她病危。突然从她的皮肤里飞出小鸟，把她全身都覆盖了。

12. 成群的小昆虫隐蔽了太阳、月亮和星星，只除了一颗星星。那颗星星掉到做梦的人身上了。

在未删节的德文原文里，每个梦都是以童话语言开头："很久很久以前……"这种语言表明了做梦的小女孩感觉每个梦都是一个童话，因此她当圣诞礼物讲给父亲听。她的父亲也解释不了这些梦的内容，因为他从中看不出什么个人关联。其实，这种儿童的梦经常看起来"只不过是一个故事而已"，很少或者没有自发的关联。这种梦也并不是显意识的编撰，因为只要熟悉了解这个孩子的性格，知道她不会说谎，就可以排除这种可能性。即便这些梦是清醒时产生的幻想，我们也仍然无法理解。女孩的父亲确信这些梦是真的,我也没有理由怀疑。我本人认识这位女孩,但这是在她把梦告诉她父亲之前。我也没机会问她关于这些梦的问题,因为她住在离瑞士很远的地方,而且在那个圣诞节之后一年左右就得传染病死了。

这些梦确定无疑有奇怪之处,梦的突出思想在某种程度上像哲学命题。比如,第一个梦是讲一个恶兽杀死其他动物,但是上帝通过一种复原让它们重生。在西方世界,人们是通过基督教了解这样的思想。我们可以在《使徒行传》(第3章第21节)中发现这点:"(基督)必须留在天上,直到万物更新的时候……"早期希腊的教会创立者(例如 Origen)尤其强调这样一种观点,认为在末日到来的时候,救赎者会将一切恢复到其初始和完美状态。从《马太福音》(第17章第11节)看来,根据古老的犹太传统,以利亚"的确要来,他将复兴一切"。《哥林多前书》(第15章第22节)也表达了同样的思想:"因为正如在亚当里众人都死了,同样,在基督里众人也都要复活。"

有人可能会持反对观点,认为这个小女孩可能是在她接受的宗教教育中了解这种思想的。但是她没接受过什么宗教教育，因为她的父母（新教徒）是属于那种只从异教徒那里了解《圣经》的人。这种现象在我们这个时代很普遍。复原这个思想尤其是不可能有人解释给她，她不可能对这个思想极感兴趣。至少她父亲是完全不了解这个神话思想的。

十二个梦里面有九个是关于毁灭复原这个主题的。我们在《哥林多前书》（第15章第22节）也发现同样的关联：亚当和基督，也就是死亡和重生，被联系到一起。这些梦里面没有任何一个显现出稍微有深度的基督教教育或影响，相反，它们更像原始神话。这点可以由其他主题证实——第四个和第五个梦是关于宇宙起源、创造世界和人类的神话。

基督是救赎者这个概念，与基督教产生之前全世界普遍存在的英雄拯救主题相似。虽然这些英雄被龙、鲸鱼或其他怪兽吞噬，英雄会战胜吞噬他们的生物，奇迹般地重新出现。没有人知道这些主题是什么时候、在哪里起源的。我们甚至不知道如何开始充分地研究这个问题。我们唯一确定的是，每一代人都会发现这是一个古老的传统。因此我们完全可以这样认为，在这个主题"起源"的时候，人类还不知道自己有英雄神话——在那个时代，人类还不会去认真思考他自己所说的话。英雄人物是一种典型的形象、原型，从无始以来就存在。

原型意象是无意识的，这点可以在个体身上得到最好的证明，尤其是孩子。从孩子生活的环境来看，我们可以相当肯定地认为，他们不可能直接了解这个传统。她的梦里可能会有基督教的痕迹，因为有上帝、天使、天堂、地狱、恶魔，但是其出现方式所指向的传统完全不是基督教。

让我们来看第一个梦。上帝是有四身，从"四个角落"出来。这是什么的角落？梦里面没有提到房间。这个梦很显然是关于宇宙活动，宇宙性的人物亲自出来干预，房间出现在这种梦里也是不合适的。四位一体本身也是一个奇怪的概念，但是这种概念在东方宗教和哲学中有重要地位。在基督教里这已经被三位一体取代，我们当然假设做梦的女孩已经知道三位一体了。但是一个普通的中班孩子，她怎么可能在自己生活的环境里了解神圣的四位一体？这种概念曾经在中世纪炼金哲学的圈子中出现过，但是仅仅在18世纪初期稍微出现，已经完全隐没两百多年了。那么这位小女孩是从哪拾起这个概念的?从以西结的梦里?但是并没有基督教教义认为天使是上帝。

长角的蛇也是同样的情况。《圣经》中确实有很多长角的动物,例如在《启示录》(第13章)里就有。但这些似乎是四足动物,虽然它们的最高统治者是龙,在希腊语里(drakon)也就是蛇的意思。长角的蛇在拉丁炼金术里现身为"quadricornutus serpens"(四角蛇),是基督教三位一体的反对者墨丘利(Mercurius)的象征。但是这个参考信息是不为人知的,据我所知,仅有一位作者提到它。

第二个梦出现的主题确定无疑是非基督教的,并且其价值观是与基督教主题相反的:天堂的人在跳异教徒的舞蹈、天使在地狱里行善。如果说这个梦体现了什么,那就是道德观的相对化。这个小孩是从哪找到这样颠覆性的、现代的观念?简直可以与尼采的天才媲美。这种观念对东方哲学家来说不足为奇,但在这个小孩的生活环境里哪里会有呢?在这位八岁的小女孩脑子里怎么会有呢?

这个问题引发出另外一个问题:这些梦的弥补性意义是什么?这位小女孩显然觉得这些梦很重要,所以她会送给父亲当圣诞礼物。

如果这位做梦的小女孩是原始社会的巫师，我们可以认为她的梦是哲学命题的一些变异，例如死亡、复活、复原、世界的起源、造人以及价值观的相对性（老子说"高下相盈"）。这么认为总不会错得太离谱。如果我们试图从个人的角度去解释这些梦，会一无所获，不得不放弃。但是我已经说过了，这些梦毫无疑问包含集体表征，从某种意义上说，它们有点像原始部落里年轻人开始步入成人阶段时接受的教条。在这种时候，人们会告诉他们上帝、众神或者是作为"始祖"的动物有些什么样的事迹，世界和人类是怎样创造出来的，世界末日什么时候会来临，死亡的意义。那么在我们的基督教文明里，什么时候进行类似的教育呢？在青春期开始的时候。但是很多人在老年，临近死亡的时候重新思考这些问题。

我们这位做梦的小女孩，符合这两种情况，因为她正要进入青春期，与此同时也在接近生命的终点。这些梦的象征含义里，很少或者几乎没有预示正常的成人生活，相反，很多地方提到毁灭与复原。刚开始读到这些梦的时候，我有一种不祥的预感，觉得它们预兆死亡。之所以有这种感觉，是因为我从梦的象征含义中发现它们特有的补偿性质。它与这个年龄段女孩的正常意识正好相反。关于生与死，这些梦打开了一个新的、非常可怕的视野，更像一个回顾生命的人应有的状态，而非一个期望生命正常延续的人。这样的氛围让人想起古罗马的一句话，"人生如梦"，而缺乏生命之春应有的喜悦与愉快。对于这位女孩来说，生命是春祭的誓言。经验告诉我，未知的死亡逼近时，对将死之人的生活和梦境都会投下概要的、预示性的阴影。甚至连我们基督教教堂里的圣坛都是，一方面象征坟墓，另一方面象征复活——将死亡转化成永生。

这些是梦要让那位女孩明白的。它们是通过小故事表达的思想，为死亡做的准备。就像原始社会成人仪式的教导或佛教禅宗的公案。这种教导不像正统的基督教教义，而更像原始社会的思想。它似乎是源自历史传承之外，它的母体从史前时代开始就已经滋养了无数关于生与死的哲学和宗教思考。

关于这个女孩，未来要发生的事情就像预先投下阴影一

第五章 梦的象征之原型

样。它们唤起某些思想,这些思想虽然通常是休眠的,但注定是要伴随未来某个致命的问题。它们始终存在,无处不在。虽然它们的具体表现形式或多或少与个人有关,但整体模式有集体性。这就像动物的本能,虽然在不同的物种中的表现方式有很大差异,但起到的作用是大体相同的。我们不会假设说每一只新生的动物都作为个体产生新的本能。同样,我们不能假设说,每一个新出生的人都发明和创造新的反应模式。就像本能一样,人类心灵的集体思维模式是天生的、继承的;在相应的外境中,它在我们每个人身上的运作都差不多一样。

情感表达都是基于相似的模式,而且大家公认在全球都是一样的。我们甚至能懂动物的情感,动物即便物种不同也能懂得相互的情感。那么怎么解释那些有复杂共生功能的昆虫也能懂得呢?这些昆虫,大多数都不知道自己的父母是谁,也没有人教育它们。我们凭什么认为人类是唯一丧失了某些本能的生物?凭什么认为人类的心灵一点都不留进化的痕迹?很自然,如果你认为心灵就是显意识,那么你很容易就会接受错误的观点,会认为心灵在出生的时候是一张白板,上面什么都没有，其后来容纳的仅仅是个人所获的经验而已。动物没有多少显意识，但是它们有许多冲动和反应，这表明它们有心灵的存在。而且，原始人会做很多他们自己也不晓得意义的事情。如果你问一个现代文明人，圣诞树或复活节彩蛋的原因和意义是什么，你很可能白问，因为他们不知道这些习俗的含义。事实上，他们做这些事情，但是不知道为什么要做这些事情。我倾向于认为，人们一般都是先干了这些事情，而且在过了很长时间之后有人对这些事情提出问题，然后他们终于发现这些事情的意义。心理咨询师常常遇到一些很聪明的病人，只是举止怪异，并且完全不知道自己在做什么。我们会做一些梦，完全不懂这些梦的意思，尽管我们可能坚信这些梦有特定的含义。我们觉得梦很重要，或者甚至觉得梦很可怕，但为什么会这样呢？

经常观察到这样的事实，让我们不得不假设心灵是潜意识的，其内容几乎与显意识同样多种多样。我们知道，显意识在很大程度上需要潜意识的合作。当你说话的时候，你说上一句的时候就已经在准备下一句。但是这种准备你自己大部分时候不会意识到。如果潜意识不配合，或者进行抑制，

第五章 梦的象征之原型

那么你就不能说得流畅。你想要说一个人名,或者说一个平时很熟悉的表达,但是什么也想不起来。潜意识不输送。你想介绍某个很熟悉的人,但是他的名字蒸发了,好像你从来就不知道他的名字一样。因此这要取决于你的潜意识是否善意。不管任何时候,只要潜意识愿意,就可以打败你平常良好的记忆力,或者让你从嘴里说出你不想说的话。它会制造种种难以预料的、不可理喻的情绪和效果,而且会引发各种各样的困难。

从表面看来,这种反应和冲动似乎是私密的个人性质的,因此大家认为它们完全是个人的。而实际上,它们是建立在先天就形成的、随时准备好的直觉系统之上,有自己的特点,有能被大家普遍了解的思想模式、反应能力、态度以及姿势,早在反省性意识出现之前就已经形成的模式。甚至有可能后者的产生,是因为强烈的情感冲突以及其通常伴随的灾难性后果。以一个野人为例,因为没有抓到鱼,他在愤怒和失望之下扼死了自己深爱的儿子。然后他怀里搂着儿子的尸体,感到无比悔恨。这样一个人很可能会一辈子都记住这一刻的痛苦。这也许会是反省性意识的开端。不管怎么说,通常人们是需要类似情感经历带来的冲击,才能觉醒,才能意识到自己在做什么。这里我要说一个很有名的例子,是关于西班牙绅士 Ramon Lull。他经过很长时间的追求最终成功地与他所追求的女士秘密约会。那位女士无声地解开衣服,给他看被癌症毁坏的胸部。他感到震惊,这种震惊改变了他的人生:他成了圣人。

在类似的突然转变中,我们通常可以证明原型已经在潜意识中运作了很长时间,巧妙地安排条件,然后无可避免地造成危机。过程可以显示得很清楚(例如通过一系列的梦),灾难可以预见而且有一定的确定性,这种情况并不罕见。我们可以从类似的经验中得出结论,原型的表现形势并非是静态的模式,而是有不断变化的因素会在自发的冲动中表现出来,就像本能那样。有一些梦、幻觉或者念头会突然出现,而且即便仔细去研究也无法发现是什么原因造成的。这并不表示它们没有原因,肯定是有原因的,只是太过遥远或者模糊,我们看不清楚。我们只能等待,直至对梦及其含义有足够的了解,或直至有外在事件的发生能够解释这个梦。

第五章 梦的象征之原型

我们的显意识思想通常关注的都是未来以及未来的可能性，潜意识与潜意识的梦亦是如此。长期以来全世界都相信，梦的主要功能是预见未来。在古代，还是在中世纪的时候，梦在医疗预诊中也起作用。从一个现代的梦中，我能确认 Artemidorus of Daldis 在公元 2 世纪所说的一个古老的梦中提到的预测或者说是预知。他讲到一个人梦见房子着了火，自己的父亲被火焰烧死。不久之后，做梦的人本人死于 phlegmone（火、患热病），有可能是肺炎。恰好我的一位同事得了致命坏疽而发烧——其实就是 phlegmone。他以前的一个病人，并不知道这位大夫得了什么病，梦见大夫在大火中烧死。他是在那位大夫死前三星期做的这个梦，当时大夫刚入院，病情也刚刚开始。梦者只知道医生生病住院了。

这个例子告诉我们，梦会有预见性或者预测性的一面。十分建议解析梦的人考虑到这一点，尤其是有的梦明显很有寓意，但其来龙去脉并不足以解释自己。这种梦通常都是出其不意的，让人觉得疑惑，怎么会做这样的梦。当然了，一旦我们了解它最终想要说什么，原因也就清楚了。只是我们的显意识不知道而已，潜意识似乎已经知道了，并已经将相关问题进行仔细的预见性的审视。如果显意识也已了解相关事实,也差不多会做同样的处理。但正是因为这是潜意识的,只有潜意识能接收到,并且进行某种探寻,能预见到最终的结果。从我们了解到的梦看来,潜意识的"思虑"是直觉性的,而非理智的思考。后一种方式是显意识的特权,即通过理智和知识进行拣择。但是潜意识主要是由直觉主导,由其相应的思想模式——原型——进行代表。它更像诗人的工作,而非理智的医生会谈论传染、发烧、中毒等。但是梦把患病的身体描述成一个人在世间的房子,而发热则是火焰的温度,火焰烧毁房子及住在里面的人。

就像这个梦告诉我们的那样,原型的心灵处理问题的方式,与阿特米多鲁斯时代是一样的。潜意识直觉地把握几乎是未知的问题,并且将这些问题进行原型处理。这很清楚地告诉我们,原型心灵不是像显意识那样排序,而是自主承担起了预测的任务。原型有它们自己的主动性,也有它们自己的活跃性。因此它们不仅能够(以它们自己的方式)进行有意义的阐释,而且能以它们自己的冲动和思想模式在某个特定的情境里进行干预。它们在这方面的功能跟情结是一样的,

第五章 梦的象征之原型

二者在日常生活中都有一定的自主性。它们高兴的时候就来，不高兴的时候就走，而且时常以令我们尴尬的方式干预我们的显意识。

有一种特别的神圣感通常会伴随原型，当我们体验到这种神圣感的时候，就能感受到原型特有的能量。原型会散发出一种魅力或魔力。个体的情结也有同样的特点，其表现可以与社会生活中任何时候都存在的原型集体表征相提并论。个体的情结有个人历史，原型特征的社会情结也有其历史。但是个人情结产生的只不过是个人偏见而已，原型却会产生神话、宗教、哲学思想，由此产生的影响会给整个国家和时代留下印记。另外，就像个人情结产生的结果可以理解为对显意识片面的、错误的态度的一种补偿，具有宗教性质的神话也可以解读为人类苦难的心灵治疗，例如饥饿、战争、疾病、年老、死亡。

比如，宇宙英雄神话给我们描绘出这样的画面：强人或者神人打败各种各样的邪恶——龙、蛇、怪兽、魔鬼以及各种敌人，并且把他的人民从毁灭和死亡中解救出来。神圣文字和仪轨的描述、重复念诵，以及通过舞蹈、音乐、赞美诗、祈祷以及祭祀来膜拜这样的英雄，可以用敬畏的情感抓住参与者，可以抬升参与者，使得他们与英雄有身份认同感。如果我们以信众的眼光去思考这种情况，我们就可以发现人们是如何被影响。那他们就能从自己的无能为力和痛苦中解脱出来，被拔高到近乎超人的地位，至少暂时如此，甚至在相当长一段时间内都会对这一点感到笃定。这样的一种仪式会给人留下长久印象，而且甚至会产生一种态度，赋予社会生活一定的形态和风格。这里我要举古代希腊伊洛西斯城的神秘事件例子。这些神秘的故事最终在 7 世纪被禁止了。它们与德尔斐神谕一起构成了古希腊的本质与精神。在一个大得多的层面上来说，基督教时代之名与实都要归功于另一个古老的神秘故事，就是一个根植于古埃及神话原型 **Osiris-Horus** 的神人故事。

　　现代人有个共同的偏见。我们认为在模糊的史前时代，神话思想都是聪明的哲学家或先知"发明"出来的，在此之后容易轻信、盲目接受的人们就"相信"了，尽管追逐权力的牧师们讲的故事非但并不是"真"的，而且是"痴心妄想"的。"发明"这个词源于古希腊语的"invenire"，首先意思是

第五章 梦的象征之原型

"突然发生"或"发现"什么;其次是通过"寻找"而发现什么。在后一种情况下,并不是偶然地发现或发生什么,因为那是对于你要找的东西有些了解,或有模糊的想法。

如果我们去思考那位小女孩梦里的奇思怪想,看似她不太可能寻找那些想法,因为当她发现的时候很惊讶。对她父亲来说,那些是奇怪的、出乎意料的故事。小女孩认为这些故事引人注意,够有兴趣,值得作为圣诞礼物送给父亲。她这么做就把这些故事上升到一个层面,那就是我们至今依然流传的基督教神秘故事。这是关于主的诞生,混合着带有新生之光的常青树的秘密。虽然耶稣基督与树这个象征之间有象征意义的联系,而且有充分的历史证据能够证明这一点。但是如果小女孩问父母,为何要在树上挂燃烧的蜡烛来庆祝基督诞生,她的父母会很尴尬。他们会说:"噢,这只是圣诞习俗!"如果想认真回答这个问题,得进行深刻的专题研究,了解在古代、在东方上帝死亡的象征意义、上帝死亡与对伟大母亲的崇拜以及母亲象征之间的关联,了解树——这些还只是这个复杂的问题的一个方面。

我们越是深入集体象征的起源,或用基督教的话来说是教理的起源，我们就越发现近乎无限的原型之网。在人类进入现代以前，从来没有人有意识地去思考原型这个问题。因此，出人意料的是，我们比以往任何时代都更了解神话象征。事实上，以前时代的人们是用他们的生命经历象征，而不是去思考象征。我曾经在东非埃尔贡山与原始人一起，我会以此经历来说明这点。每天黎明他们离开茅棚，往自己手里吐气或吐口水。然后他们将手伸向太阳的第一道光，就像他们在把自己的呼吸或唾沫供奉给正在升起的神——mungu。（他们用这个斯瓦希里语词来解释这种仪式，这个词是源自波利尼西亚词根 mana 或 mulungu。这些词，以及类似的词有很强力量，能产生极大的效能，也能包含我们称为"神圣"的普及一切的本体。因此 mungu 这个词等于是他们的"安拉"或"上帝"。）当我问他们这个动作是什么意思，为什么做这个动作时，他们感到十分迷惑。他们只能说："我们一直都是这么做的。当太阳升起的时候，我们总是做这个动作。"但是对于那个明显的结论，太阳就是 mungu，他们不以为然。他们认为，当太阳高于地平线的时候，它就不是 mungu；只有在太阳刚升起那一刻，才是 mungu。

第五章 梦的象征之原型

他们的行为是什么，对我来说是很明显的，但对他们来说却不然。他们只去做这件事情，从来不会去思考所做的这件事，所以他们就不能自我解释。显然他们只是重复太阳升起时的习惯动作，毫无疑问也是伴随有一定的情感，绝对不是机械的，因为他们是用生命经历而我们只是思考。因此我知道他们是在向 mungu 供养灵魂，因为（生命的）呼吸与唾液意味着"灵魂的精华"。呼吸或者吐唾沫有一种"神奇的"效果，例如，基督用唾液治愈了盲人，或者儿子吸入父亲临终时的最后一口气，以接过父亲的灵魂。从遥远古代开始，这些原始人都一直进行这样的仪式，但是他们根本不可能明白是什么意思。相比较而言，他们的祖先知道的可能更加少，因为他们更潜意识化，更不可能去思考自己的行为是什么含义。

浮士德说得很对："太初有为。"有为不是发明的，而是行出来的。另一方面，思想是相对晚一些时候的发现；人们先发现思想，然后追寻而发现思想。但是未经思考的生命，在人类出现以前早就存在；它不是人们发明的，人们在思考时发现了自我。最初人是被潜意识的因素推动而有行为，仅在很长时间之后才开始思考是什么促使他采取行动；但是他确实需要漫长的时间才能产生一个荒唐的想法，了解到肯定是自己促使自己行动了——他脑子里除了自己的动机之外，还看不到其他驱动因素。如果有人认为一株植物或者一个动物发明了自己的生命，我们会嘲笑这个想法，但是有很多人就是认为我们的心灵或头脑发明了它们自己，它们自己造就了自己。然而实际上我们的心灵是经过成长才有现在这种状态的，就像橡子长成橡树或者蜥蜴进化成哺乳动物。以前是如此，现在亦是如此。因此我们既是被内在力量推动，也是被外在力量推动。

在神话的时代，这些力量被称为mana、精灵、魔鬼、上帝，而且它们在今天还依旧活跃。如果它们与我们的愿望相吻合，我们就会称它们为幸福的预感或冲动，给自己一点鼓励，因为自己是聪明的家伙。如果与我们的愿望不相吻合，就会说这是运气不好，或者有人要找我们的麻烦，或者莫名其妙。我们拒绝承认的是，我们依赖于不受自己控制的"力量"。

文明人确实是有了一定的意志力，他可以随心所欲用这

第五章 梦的象征之原型

种意志力。我们已经学会有效率地工作而不必依赖通过唱诵、敲鼓来催眠我们进入工作状态。我们甚至可以摒弃每日的祈祷,不再寻求神圣的助力。我们想做什么就做什么,想法能够转化成行动,没有什么障碍。但是原始人每一步都会被怀疑、恐惧和迷信阻碍。"有志者事竟成"这句格言,并非只是德国人的偏见,它是现代人普遍的迷信。为了维护这个教条,文明人养成了严重缺乏内省的习惯。他看不见一个事实:不管他多么理智多么有效率,仍然是被自己无法控制的力量所左右。上帝和魔鬼都完全没有消失,他们只不过是换了新名字。他们让文明人不停奔跑,心神不定,忧虑却不知道忧虑什么,有种种的心理问题,难以控制地需要服药、喝酒、抽烟、饮食和卫生系统——尤其是有一系列惊人的精神病。

关于这点,我曾经遇到过一起比较突出的案例。那是一位哲学和"心理学"教授——还研究潜意识的心理学。我在前文提到过这位教授,他认为自己得了癌症。虽然X光证明了这种念头都是幻想,可是他无法摆脱这个想法。是谁,或者是什么让他有这样的想法?很明显,这是源自一种恐惧,而这种恐惧并非因观察事实而产生。这种东西突然就控制住他，而且就停留在他身上。这种症状会表现为特别固执，固执得妨碍患者接受正当治疗。因为如果你得了恶性肿瘤，心理治疗管什么用呢？这种危险的病，需要的是立即做手术。每次有一个新的权威告诉教授，根本没有癌症的踪影，教授就重新感到如释重负。但每次第二天他就又开始怀疑不安，他在黑暗之中就陷得更深，恐惧丝毫不减。

这种恐怖的念头本身就有一种力量，他控制不了。他研究的心理学哲学分支预见不了他的问题，因为根据这个理论，所有一切都是利索地来自显意识和感官知觉。这位教授也承认自己的情况是不正常的，但是他的思维到此为止，因为这个地方是哲学与医疗之间极为神圣的交界点。前者研究的是正常的内容，而后者研究的是非正常的内容，在哲学家的世界是未知的。

心理学的这种界限让我想到另外一个例子。一个嗜酒的人，受到某个宗教运动的正面积极影响。他被自己的热情迷住了，忘记了自己需要喝酒。显然，耶稣基督奇迹般地拯救了他。因此，人们认为他见证了某个宗教组织神圣的恩典以及效能。经过几个星期的当众忏悔，新鲜感开始消退。他感觉到需要喝酒了。但是这个时候，所谓帮过他忙的宗教组织认为这是病态，耶稣基督不适合插手。所以他们把他送进了诊所去接受治疗，而不是神圣的疗愈。

这种现代人"有文化的"心态，非常值得研究。这表明，意识分离与心理混乱已经到了惊人的程度。我们除了自己的显意识和自由意志，什么也不相信。我们可以有合理的、一定程度的自由选择和自我控制，在这狭隘的范围之外，还有可以无限控制我们的力量。但是我们再也意识不到这种力量。在我们这个集体迷失的时代，很有必要了解人间事的真实状态。这需要懂得个体心灵和精神的特点，以及人类普遍心灵的特质。然而如果我们想正确看待事物，就不但要了解人类的现在，还需要了解人类的过去。所以正确认识神话和象征极为重要。

第六章　宗教象征的功能

虽然我们文明人的显意识已经与本能分离，但是本能并没有消失；它只是与显意识失去联系而已。因此它被迫要间接地表达自己，这种表达方式 Janet 称之为自动主义。通常对于精神病人来说，它的表达是种种症状，令病人发生种种状况。对正常人来说，就是没来由的情绪、突然的遗忘、说错话等。这些表达很明显地说明了原型的自主性。我们很容易相信自己是自己的主人，然而如果我们控制不了自己的情感和情绪，或者不能觉察到潜意识因素是如何迂回曲折地通过无数秘密的方式影响我们的安排和决定，我们肯定就不是主人。相反，我们有太多的理由相信这是不确定的，因此最好重新审视我们正在做的事情。

审视我们自己的内心并不是很受欢迎的消遣，虽然是极

第六章 宗教象征的功能

为必要的。尤其是在我们这个时代，人们都面临着自造的致命危险。这种危险一直在增长，已经超出了控制。如果我们把人类整体看做一个人，哪怕只是一会儿，我们会发现他已经被潜意识的力量冲昏头脑。他像精神病人一样意识分离，分离之处有一道"铁幕"矗立。西方人所代表的意识，到现在为止都被认为是正确的。他们日益感受到东方的权力欲，因此觉得自己被迫要采取非同寻常的手段来防卫。但他们意识不到，东方人是以其人之道，还治其人之身。反弹回的是西方人自己的恶，虽然这种恶被公然否定，并且以国际善意来粉饰。西方人隐秘地纵容，并且有点羞愧地沉迷其中的东西（外交谎言、欺骗、暗藏的威胁），公然并且丝毫不减地回到我们自己身上，把我们牢牢捆绑——精神病人就是这样！"铁幕"的对面，是我们自己的影子在怒视我们。

这种状态使得我们的西方意识悄悄地产生一种奇怪的无助感。我们开始意识到冲突其实是精神上、心理上的问题，并且我们试图寻找答案。我们越来越认识到，核威慑是一种铤而走险的、麻烦的答案，因为它会造成两败俱伤。我们知道，通过精神和心理来解决会更加有效，因为这样我们的心灵对日益增长的感染就会有免疫力。但事实证明我们所有的努力都是收效甚微，并且这种情况一直会持续下去，只要我们总是试图说服自己也说服世界都是别人错了，认为都是敌人的错，不管是心理上还是思想观念上。我们期望别人明白他们为什么错了，而没有认真地去承认自己的影子和它所做的恶毒的事情。只要我们能看到自己的影子，在精神上和心理上就能够对传染和暗讽免疫。但只要我们做不到这一点，我们就对各种传染毫无抵抗能力。这是因为我们实际上在做跟他们同样的事情，只是跟他们相比多了劣势：我们既看不到，也不愿意去了解自己良好的礼仪之下在做什么。

东方有一个很大的神话——我们管它叫"幻觉"。我们徒劳无功地希望自己高人一等的判断力能够让这个神话消失。这个神话是一个历史悠久的原型，认为地球上有个黄金时代或天堂，每个人都拥有一切并且有一位伟大、公正、智慧的首领统治着一个人类幼儿园。这种形式幼稚的原型非常强有力，对于东方人来说没什么问题。问题是它并不会因为我们有更加高级的思想，就从我们这个世界消失。我们以我们自己的幼稚去支撑这个原型，因为我们的西方文明被同样的神话控制。我们信奉同样的偏见、希望和预期。我们信奉福利国家、世界和平、人人平等、永恒的人权、公正、真理，相信

第六章 宗教象征的功能

(也不是太信)我们存在于上帝在尘世的国土。

真相是令人悲哀的。人们的现实生活是由无情的对立组成的——白天与黑夜、幸福与痛苦、生与死、善与恶。我们甚至没有把握一方会战胜另一方，不确定善就会打败恶，或者喜悦会打败痛苦。生活与世界是一个战场，一直以来都是如此，以后也一直都会如此。否则，存在的一切将很快就不复存在。正是由于这个原因，高级宗教例如基督教会期望世界末日早早到来，而佛教以否定所有的欲望来实质上终止这个世界。这种明显的答案，如果不与这两种宗教特有的、构成整体的道德观点与实践联系起来去理解，就会与自杀无异。

我提到这一点，是因为在我们这个时代，无数人已经对世界几大宗教中的一个或几个失去了信心。他们已经不再理解宗教。当生活平静地继续，人们几乎注意不到这种损失。然而当痛苦来临的时候，情况很快就变了。人们要寻求出离痛苦，开始思考生命的意义以及令人困惑的人生体验。有一点很重要的是，数据显示新教徒和犹太人中去咨询心理医生的人要比天主教徒多得多。这是合情合理的，因为天主教教堂仍然觉得有责任提供心灵医治，要照料好人的灵魂。但是在这个科学的时代，人们容易向心理学家问一些本来属于神学领域的问题。人们觉得,只要信仰积极的生命意义、上帝和永生,就会大不一样。死亡这个幽灵可怕地出现在他们面前,常常强有力地激发出这样的想法。从无始以来,人类就认为有至高无上的人(一位或多位)存在,有天国存在。只有现代人才会认为自己不需要这些。因为他们不能拿望远镜或雷达确定天堂里有上帝的宝座,也不能确信自己亲爱的父亲或母亲或多或少还有肉身存在,他们假定它们不够"真实"。我想说的是,它们也许不够"真实"。它们自从史前时代开始就陪伴着人类,而且时刻准备着,只需要微小的刺激就会进入人类的显意识。

我们甚至会觉得遗憾,我们失去了这种信念。因为它是不可见、不可知的(上帝是不可思议的、永生是证实不了的),为何我们要去寻找证据?假设我们不懂得、不理解在食物里放盐有什么好处,我们还是能够从中受益。即便我们假设盐是味蕾的幻觉而已,是迷信,它仍然对我们是有益的。因此,如果有些思想观念已经证明在我们遇到危机的时候能起到帮助作用,能够赋予我们生存的意义,我们为什么要剥夺自己这样的思想观念?况且,我们怎么知道这些思想观念不真实呢?如果我直截了当地说这些思想观念是虚幻的,很

第六章 宗教象征的功能

多人都会表示同意。他们意识不到,这种否定实际上也是一种"信仰",就跟宗教观念一样也是不能证实的。我们完全有选择观点的自由,不论在什么情况下这都是主观决定。但是,关于我们为什么要对自己已经知道永远不能证实的东西产生信仰,还有一个很重要的实际生活体验方面的原因。因为我们大家都知道它是有用的。人极其需要普世的观念和信心,赋予生命意义,才能够在宇宙中找到自己的位置。人能忍受最难以置信的艰难困苦,只要他深信这是有意义的;但是如果在经历所有的不幸之后,他不得不承认自己所参与的是"白痴之言",那么就会被压垮。

宗教象征的目的,是努力为人类的生命赋予意义。普韦布洛印第安人相信他们自己是太阳之父的儿子,这种信念给了他们一种视角和目标,超越了个人以及个人有限的存在。这让他们的体验有了足够的延展空间。这比起一个人确信自己现在和将来都会只是个百货商店的搬运工,能带来无限的满足感。如果圣保罗确信自己无非就是一个编织地毯的工匠而已,那他肯定就不会成为圣保罗。他真正的、有意义的生活在于,他确信自己是上帝的使者。你可以说他是妄想自大狂,但是你的这种观点在历史的见证以及集体意识面前是苍白的。掌控他的神话，令他成为远远高于工匠的人物。

象征构成了神话，这种象征是自发的而非发明的。并非耶稣基督这个人创造了神人这个神话，这个神话早在几个世纪之前就存在。他本人也是完全相信这个象征性的思想，就像圣马可告诉我们的那样，这种思想使得他超越了木匠坊和环境造就的心灵上的狭隘。神话可以追溯到原始社会讲述故事的人和他们的梦，追溯到那些被自己的幻想所激动、感动的人。这些人与后来的诗人和哲学家差别不大。原始社会讲故事的人不会关心自己的幻觉源自何处，只是在过了很长时间人们才开始琢磨那些故事是从哪里来的。在古希腊的时候，人们的这种寻问已经有了一定的结果，他们把上帝的故事归结为无非是古代国王及其事迹的流传和夸大而已。他们甚至认为神话的意思并非其表面讲述的故事，因为那显然是不可能发生的。因此他们试图给神话一个总体而言能够理解的说法。我们这个时代正是试图用同样的方式来对待梦的象征：我们认为梦的含义不是它所显示的内容，而是某些大家都懂得和理解的，然而因其低级我们不会公开承认的一些东西。有些人已经关闭传统的闪光灯，对于他们来说梦再也没有什么不解之谜。似乎可以很确定的是，梦蕴含着与其所显示内

第六章 宗教象征的功能

容非常不同的含义。

这种假设是很主观的。《塔木德》说的更恰当："梦就是梦本身的解析。"为何梦要表达梦境内容之外的东西？大自然当中有什么东西并不是自己，而是存在于自身之外吗？例如，开始被认为是怪物的鸭嘴兽，不是什么动物学家能发明出来的，难道不是鸭嘴兽自己吗？梦是正常的自然现象，肯定就是它本身而不是表达它本身之外的什么。我们认为它的内容是象征性的，是因为很明显它并非只有一层含义，而是指向不同的方向，因此会表达潜意识的内容，或者说并非全是显意识的东西。

我们把梦这种现象当成有象征含义的，讲科学的人会觉得很气人，因为如果这样梦的含义就无法表达得符合理智和逻辑。这仅仅是心理学所遇到的困难之一而已。麻烦从情绪或者情感就已经开始了，不管心理学家怎么努力，也不能使这种情感受某种不可违逆的概念所约束。前面列举的两种困难，其原因都是一样的——潜意识的干预。我对科学观念的了解，足以让我明白，与不能够准确把握和充分了解的事实打交道，是很令人恼火的。这两种现象共同的麻烦之处是，事实无可否认但却不能以理智确切地阐述。这不是我们能观察的有明显特征的细节,这就是生命本身,充满了情感和象征。很多时候情感和象征其实是一,不是二。没有什么理智的公式足以令人满意地表达这种复杂的现象。

心理学学者完全可以不去考虑情感或潜意识,或者认为两者都不必予以考虑。但是至少作为医生的心理学家是必须充分重视这些事实的,因为情感冲突和潜意识干预正是他这门学科的典型特征。但凡他要治疗一个病人,就必须面对这种非理性,不论他是否能以理性的方式去表达这种非理性。他不得不承认情感或潜意识,虽然它们的存在太令人头疼了。所以如果一个人没有心理医生的经历,很自然就不容易听懂心理医生在说什么。当心理学变成现实生活中的冒险,不再是科学家在实验室里平静的研究时,人们如果没有机会、或者没有那么不幸,经历过相同或相似的事情,就很难理解。射击场上的打靶练习与真正的战场相去甚远,而医生要面对的是真实战争中的伤亡。因此他必须去关注心灵现实,即便他无法用科学术语去解释这些现实。他可以对生活的本质进行名言安立,但是他知道自己所安立的所有名言,只不过是名言而已。事实是要去体验的,因为名言产生不了事实。任何教科书都教不了心理学,实际经验是唯一的学习途径。死

第六章 宗教象征的功能

记硬背产生不了任何的理解，因为象征是鲜活的生命本身。

例如，基督教里的十字架是一个很有意义的象征，表达了许多特征、思想观念和情感。但是，如果在某人的名字面前放一个十字架，这只表示这个人已经死了。男性生殖器像或者阴茎在印度宗教里是个包含一切的象征，但是如果一个街头的淘气鬼在墙上画一个阴茎，那只表示他对自己的生殖器感兴趣。因为婴儿期和青少年期的幻想会延续到成年后的很长时间，很多梦都包含显而易见的性暗示。如果把这种梦解释为什么别的含义，那是很荒谬的。如果一个共济会成员提到僧侣和僧尼躺在对方身上，或者一个锁匠提到阴阳钥匙，我们就不能认为他们是沉浸在青少年时期热情的幻想中，否则就是很愚蠢的。他说的仅仅是某种瓷砖或钥匙，只是这种瓷砖或钥匙有引人入胜的名字而已。可是如果一个有文化的印度教徒跟你谈生殖器，那么你会听到许多东西是西方人永远不会跟阴茎联系起来的。你甚至可能会发现很难明白他所说的生殖器是什么意思，你自然而然会认为生殖器象征着很多东西。它绝对不是淫秽的暗示，十字架也不仅是死亡的标记，而是象征着许多思想观念。如果一个人梦中出现这样的意象，那梦的实际的含义很大程度上取决于做梦的人有多

193

成熟。

梦和象征的解析是需要一些智慧的。这种解析不能是机械化的,不能被塞进愚笨的、没有想象力的脑袋里。它需要不断理解做梦的人的个性,同时解析者也要不断加深自我认识。在这个领域里经验丰富的工作者都不会否认,事实证明有些规则的确是有帮助的,但必须谨慎有智慧地运用这些规则。并不是每个人都能掌握"技巧"。也许尽管你已经遵循所有正确的规则,以及保险的经验和方法,但却被困在最糟糕的废话之中。那可能是因为你忽略了一个看起来无关紧要的细节,一个比较有智慧的人不会错过这个细节。即便一个人有高度开发的智慧,如果他从来没学会用自己的直觉和感觉,也会迷失得很厉害,因为他的直觉和感觉开发可能低得令人遗憾。

如果我们试图理解象征,那么不仅要面对象征本身,而且要面对产生象征这个人的全部。如果真的能够应对这个挑战,那么或许会有机会成功。但是一般来说,要专门了解这个个人及其文化背景。我们可以从中学到很多,并且会有机会去补足自己不懂的东西。我给自己立了个规定,把每一个案例都当成一个全新的命题,自己对此一无所知。正常程序

第六章 宗教象征的功能

也许经常是实用的,而且也会是很有用的,如果我们仅仅停留在表面。但是一旦我们想要触及重要的问题,生命本身就取代了程序,那么即便是最堂皇的理论假设就变成了空洞的言辞。

这就使得方法和技巧的教授变成一个大问题。正如前文所言,学生需要掌握许多专业知识。知识的掌握会为他的脑子提供一个必要的工具库。但最主要的事情,也就是工具的使用,只能在学生通过一次真实的分析,认识到自己的冲突后才能掌握。这对那些所谓正常但没有想象力的人来说,是很不容易的。例如,精神事件是自发的,但他们就是不能明白这个简单的事实。这样的人更愿意固守某种观念,认为所发生的一切要么是主动完成的,要么是有病的表现,要通过吃药或打针来解决。他们表明了,愚钝的正常人与精神病人是多么接近,这样的人也确实极容易得精神传染病。

在所有高级的科学中,想象和直觉的作用越来越超过智力及其应用。甚至是像物理这样应用科学中最严格的科学,也是惊人地依赖于直觉。也就是说,它是靠潜意识运作而非逻辑推理,虽然事后通过逻辑可以推导出相同的结果。

直觉在解析象征的过程中是必不可少的,能使做梦的人即刻接纳。然而，尽管我们主观上会觉得幸运的直觉很令人信服，但它是有点危险的，因为它会造成一种不真实的安全感。它甚至可能会引诱做梦的人与解析的人，使二者继续这种很容易实现的思想交流，结果可能是产生一种共同的梦。如果我们满足于含混地觉得自己已经懂了，就不会有真正逻辑上和心灵上的了解。通常当我们问人们他们所谓的理解有何依凭时，他们解释不了。只有去把直觉转化为对事实真正的了解以及相互之间的关联，也就是真正可靠的基础时，我们才能理解和解释。诚实的研究者会觉得在某些情况下这是办不到的，但是如果因为办不到就去否定，那么这样的研究者是对自己不诚实的。科学家也是人，他很容易会像别人一样憎恶自己解释不了的东西。因而他会认为我们今天已经掌握的知识代表了知识的顶峰，这样就成为一种普遍存在错觉的牺牲品。没有什么东西比科学理论更加脆弱和短暂，因为它不过是工具而已，并非永恒的真理。

第七章　治愈分裂

当医学心理学家对象征产生兴趣时,他首先关注的是"自然"象征,而非"文化"象征。前者源于心灵的潜意识内容,所以它们代表了大量的基本原型母题的变化。在许多情况下,它们可以被追溯到其古老的根源,例如,我们从最古老的记载及原始社会中认识到的理念和意象。在这方面,我想提请读者关注一些如米尔恰·伊利亚德(Mircea Eliade)对萨满教进行研究的书籍,在这些书籍里面我们可以得到大量具有启发性的例证。

另一方面,"文化"象征则是那些表达了"永恒的真理"或至今仍被应用于许多宗教中的象征。它们经历了许多变革甚至是一个或多或少有意识的细化过程,从而成了文明社会的集体表象。然而,它们保留了大部分原始圣秘,并且作为心理学家需认真对待的积极或消极的"偏见"而发挥作用。

没有人可以仅凭理智，便对这些神圣因素予以忽视。它们是我们在建设人类社会的过程中所体现的精神特质及生命力的重要成分，并且人类为消除这些因素付出了巨大代价。当它们被抑制或忽视的时候，它们的特殊能量便会消失于潜意识中，从而产生不可预知的结果。这种看似已消失的能量使潜意识中最主要的内容——各种倾向性，得以苏醒并强化。这些内容本来在我们的显意识中没有机会表达或无容身之地。它们形成了一种始终存在的破坏性"阴影"。当受到抑制时，连可能发挥有益影响的倾向都会变成真实的恶魔。这也是为何许多善良的人会惧怕潜意识并偶尔会惧怕心理学。

我们的时代已经证实了精神地狱世界大门的打开意味着什么。我们世纪的头十年发生了无法想象的暴行，并让整个世界发生了天翻地覆的变化。从那时起，世界便处于一种精神分裂的状态中。不仅高度文明的德国暴露出了其本性，俄罗斯也被这股邪恶所控制，同时非洲大陆陷入水深火热之中。难怪西方世界会感到不安，因为他们不知道骚动的地狱究竟对其进行了何种程度的掌控，以及圣秘的毁灭使其失去了什么。他们道德及精神价值的缺失已达到一种极其危险的程度。

第七章 治愈分裂

他们道德及精神传统已经崩塌，并造成了一种世界范围内的迷失及分裂。

早在原始社会时期，我们便已经意识到圣秘的丧失意味着什么：人们失去了其存在的理由及社会组织的秩序，随后他们便开始解体并衰退。如今，我们正经历着相同的情况。我们失去了我们从未正确理解的某些事物。我们的精神领袖们在过于关注保护其制度体系，而非对神秘的象征表达的理解这一点上，难辞其咎。信仰并不否认思想（人类最为有力的武器），但不幸的是许多信徒如此的畏惧科学及心理学，以至于他们忽视了永恒掌控人类命运的神秘的精神力量。我们已使所有事物脱离了其神秘性及圣秘，再无神圣可言。

民众及其领袖们并没有意识到，无论他们将世界原则称为男性父系（精神），还是女性母系（物质），并没有什么实质性区别。本质上来讲，我们对两者均知之甚少。自人类思维诞生之时，二者均为精神象征，他们的重要性在于其圣秘而非其性别或其他机会属性。由于能量永远不会消失，所以当在所有超自然现象中显示出来的精神能量从意识中消失时，实际上它是一直存在着的。如我所述，它会在潜意识表现中重现，也会在对有意识心灵的干扰进行补偿的象征性事件中重现。我们的心灵被迄今为止维持我们正常生活秩序的道德及精神价值的缺失所深深干扰。我们的意识已不再具备将支撑我们意识精神活动的共存的、本能的事件的自然汇聚进行整合的能力。这个过程不会再以和过去同样的方式发生,因为我们的意识已将自身从本能和无意识的同化中脱离。这些曾是精神象征,其神圣性是公认的。

物质实体的概念,已从其"伟大母亲"(Great Mother)的精神内涵中脱离,并不再表达"大地母亲"(Mother Earth)的广泛情感意义。它仅仅是一个平淡无奇且完全非人性化的知识术语。同样的,被"智力"同化了的"精神"已不再是万物之父。它退化为人类的有限思维,同时"我们的父亲"的形象所展现出的巨大的情感能量也消失在知识的荒漠之沙中。

通过科学认知,我们的世界已变得非人性化。人类在宇宙中感到被孤立。他们不再涉足自然,并失去了他们在自然事件中的情感参与。这种存在对人类有象征意义。雷声不再是神的声音,闪电也不再是神的复仇武器。河流不再有灵魂,树木不再代表人的生命,蛇不再是智慧的象征,高山不再藏匿强大的恶魔。万物不再与人类对话,人类也不再与石头、泉水、植物及动物等交流。人类不再具备与野生动物同化的

第七章 治愈分裂

灌木灵魂。他们与自然之间的即时交流已永远消失,与此同时产生的情感能量已沉入潜意识之中。

这种巨大的损失由我们梦中的象征来进行补偿。它们唤起我们的原始本性、本能及独特的思维。不幸的是,正如人们所说,它们同样在自然语言中表达了自身的内涵,对我们来说是奇怪且费解的。它为我们设定了一个任务,即将它的图像翻译成现代语言中合理的语句及概念,从而令其从原始障碍中解放出来,这种原始障碍尤其表现为它对事物的神秘参与。如今,谈论鬼魂及其他神秘事物已不同于用魔法对其进行召唤。我们已不再相信魔幻的信条;禁忌及相似的约束已所剩无几;我们的世界已不再笃信所有那些所谓的迷信的守护神,例如"女巫、术士",更不必说狼人、吸血鬼、野人以及所有其他居住于原始丛林的奇异生命。

至少我们的世界在表象上已去除了所有迷信的及非理性的混合事物。然后,人类的真正内心世界——并非我们对愿望满足的虚构——是否也脱离了原始性则是另外一回事。数字13对许多人来说依然是一个禁忌。依然有许多人被有趣的偏见、无意识投射及幻觉所控制。人类思想的真实描述揭示了许多原始特征及残存观念,它们依然在发挥着作用,仿佛过去的五百年间什么也没有发生一样。现今的人类是一个在其漫长心理发展过程中多种特质的奇妙混合体。我们需要解决的是人类及其各种象征的问题，并且我们必须对其精神产物进行仔细的观察。怀疑论的观点以及科学理念与守旧的偏见、过时的思考及情感习惯、顽固的误解以及盲目的无知一起根植于人类思想中。

我们所要研究的正是这类人在梦中产生的象征。为了解释这些象征及其含义，需要了解这些表达是否与过去相同，或者他们是否因特殊原因被梦从一系列一般意识知识中选中，是十分必要的。例如，如果一个人的梦中出现了数字13，则问题是：做梦者是否习惯性地相信这个数字不吉利的属性，抑或是这个梦仅仅影射那些依然坚信这个迷信的人？答案对于这种现象的解读具有很重要的意义。第一种情况，做梦者依然坚信数字13是不吉利的，因此在房号为13的房间中或是在坐有13个人的桌旁会感到十分不适。在后一种实例中，数字13可能仅仅只是一个代表责备或鄙视的符号。前者的实例中，它仍然是一种精神表达；而后者中，它已脱离了其原始的情感性而仅仅是一种无关紧要信息中无伤大雅的字符。

第七章 治愈分裂

上述实例阐明了原型在实践经验中出现的方式。在第一个实例中，它们以其原始形式出现——它们呈现为图像，也是情感。只有当这两个方面同时发生时，我们才可以谈论原型。当只有一个图像出现时，它仅仅是一个文字图像，如同不带电荷的微粒。它仅作为一个无关紧要的文字，而非其他。但是如果这个图像承载了圣秘，即被赋予了精神能量，它将会变得十分鲜活并且会产生一定的结果。将原型仅仅作为一个名字、词语或概念来看待是实践中所犯的一个重大错误。原型远远不止于此：它是生命的一部分，是通过情感桥梁与生存的个体相连接的图像。文字本身仅仅是一个抽象物，是智识交易中的可交换的硬币。但原型却是一个有生命的物质。它不具有无限可交换性，但却始终从属于鲜活的个体经济，在这种情况下它不可被分离并且可以为不同的目的而随意使用。我们无法以任何方式对其进行解释，而只能通过具体的个体进行描述。因此十字架的象征，在虔诚的基督徒的例子中，只能以基督徒的方式进行解读，除非这个梦创造出了一个强烈的反向原因，而即使如此，这层特定的基督教内涵也不应被忽视。

如果你不知道文字所代表的含义，则其仅有的功能亦为无用的。这在心理学中尤为真实，在心理学中，我们所谓的原型包括阿尼玛（anima）、阿尼玛斯（animus）、智慧老人（the wise old man）、伟大母亲（the great mother）等。你可以了解所有圣人、智者、先知及其他神圣之人，以及世界上所有伟大的母亲，但是如果他们仅仅是一些图像，而其圣秘又从未为人所经历，那么这就如同你在梦中讲话，因为你并不知道你所讲的是什么。你所讲的语句毫无意义且毫无价值，只有当你试图了解它们的圣秘及它们与生存个体之间的关系时，它们才拥有生命和意义。从而我们可以了解到，名字本身的意义微乎其微，当它们与个体产生联系的时候才会凸显其重要性。

我们的梦的象征产生机能是将我们的原始思维带到意识中的一种尝试，它从未置身于此意识中，也从未经历过关键的自我反思。曾经，我们就是我们的心灵，但我们从未了解过它。在理解它之前我们便已将其清除。它从孕育它的摇篮中产生，并将其原始特征如笨重且无价值的外壳般舍弃。潜意识仿佛代表了对剩余部分的存储。梦和它们的象征持续与其产生联系，如同它们试图带回所有旧式原始事物，思维在其进化的过程中以为已经将这些原始事物——幻觉、儿时的

第七章 治愈分裂

幻想、陈旧的思维方式、原始本能——清除了。这就是现实，它解释了人们在接触潜意识过程中所经历的抵抗，甚至是害怕及恐惧。相比其内容的原始性，人们对其情绪性感到更为震惊。它们不仅仅是中性的或者无关紧要的，它们的情感能量充沛，所以经常使人感到极度不适。它们甚至会引起真实的恐慌，并且它们被压抑的程度越深，它们以神经机能症的形式在整个人格个性中扩张得越广泛。

然而，正是他们的情绪性使他们变得如此重要。这就如同一个经历了人生中一段潜意识状态的人会突然意识到他的记忆中存在一个缺口——他不记得那些似乎发生过的重要事件。他假设心灵是一种排他性的私人事件（这是通常的假设），他便会试图找回已明显失去了的婴幼儿时期的记忆。但是他儿时记忆中的缺口仅仅是一种更为严重的缺失的征兆，即原始心灵的缺失——这种心灵在被意识被反思之前存在并产生作用。

由于胚胎体的进化是一个从无始来不断重复的过程，所以思维通过一系列史前阶段而获得成长。梦似乎将回忆一种史前及婴幼儿世界的记忆视为其主要的任务，甚至包括最原始的本能，如同这种记忆是一种无价之宝。并且这些记忆在某些实例中确实可以产生一种显著的治疗效果，正如弗洛伊德早年得出的结论。这种观察确认了一种观点，即婴幼儿时期的记忆缺口（一种所谓的失忆）相当于一种绝对的缺失，且其恢复过程会带来一种生命活力及幸福感的增长。鉴于我们通过儿童意识内容的缺乏及单纯性来衡量一个儿童的精神生活，我们并不理解婴幼儿思维具有广泛影响的复杂性，这种复杂性起源于原始的史前心灵。"原始心灵"依然完整地存在，并发挥着作用。如果读者记得我前面对将自己的梦告诉父亲的孩子的描述，则会对此有更深入的理解。

在婴幼儿失忆期，人们会发现一种奇怪的神话片段的融合，这在日后的精神疾病中也经常出现。这些片段所呈现出的图像具有高度精神性，因此十分重要。如果这种记忆在成年生活中重现，在某些实例中它们可能会引发极大的心理障碍，但在其他人身上，它们则会产生奇特的治疗效应或使其皈依宗教。通常情况下，它们会让人回忆起消失多年的生活片段，极大地丰富一个人的生活。

婴幼儿回忆的记忆以及心理功能原型模式的重建，创造了一种更广阔的视野以及意识的更大范围的扩展，条件是人们能够成功地对失去和复得的内容进行同化和整合。鉴于它

第七章　治愈分裂

们并非中性的，它们的同化过程将会改变个性，正如它们自身将会不得不经历某些改变。在个性化过程的这个阶段中，对象征的解读发挥着重要的实践作用；因为象征是一种自然尝试，调和与聚合通常情况下广泛分离的对立面，正如许多象征的矛盾性。在将原型内容仅仅视为幻觉表达时，如果这种解读只是将意识记忆视为"正确的"或"真实的"，那么这将是同化过程中一个十分令人厌恶的错误。梦境及其含糊的象征，一方面源于被压抑的内容，另一方面源于原型。因此，它们含有两个方面的内涵并使得人们可以用两种方式来解读：一种将重点放在个人方面，另一种将重点放在原型方面。前者显示了压抑和婴幼儿时期愿望的病态的影响，后者则指向一种合理的本能基础。不管原型内容会显得多么梦幻，它们都代表了情感力量或"圣秘"。如果人们试图漠视它们，它们只会被压抑并将产生与过去相同的神经症状。它们的圣秘赋予这些内容一种自主性。这是一种无法被否决的心理学事实。然而，如果它被否决，则复得的内容将会被消灭，任何将其进行综合的尝试都是徒劳的。但这种否决看起来是一种十分具有吸引力的方法，因此经常被采纳。

不仅原型的存在会被否决，连那些确信原型存在的人们也经常将它们仅仅视为图像并忘记它们是组成人类心灵重要部分的鲜活的实体。一旦将它们与圣秘脱离，它们便失去了生命而变成单纯的文字。随后，将它们与其他神话表达联系在一起便变得十分容易，无限替代的过程随即开始；人们从一个原型移向另一个原型，每件事都可以有各种含义，人们便将整个过程推向谬论。世界上的所有尸体用化学观点看都是一样的，但活着的个体却不可以。的确，原型的形式在很大程度上是可以相互替换的，但它们的圣秘却始终是一个事实。它代表了一个原型事件的价值。这个情感价值需时刻铭记在心且在整个理智的解读过程中是可以接受的。失去它的风险是巨大的，因为思考和情感是完全对立的，思考会废除情感价值，反之亦然。心理学是唯一需对价值（情感）因素加以考虑的科学，因其可以将心灵事件与人生和意义联系起来。

我们的智力创造了一个可以支配自然的全新的世界，并为其配备功能强大的机器。后者无疑十分有用且需求广泛，以至于我们甚至无法想象离开它们的可能性，离开我们对其可憎的屈服。人们必然会利用其科学性及创造性思维，并钦佩自己伟大的成就。同时，他不得不承认他的天赋显示了一

第七章 治愈分裂

种发明越来越危险事物的倾向,因为它们代表了一种越来越有效的大规模自杀行为。鉴于世界人口的快速增长,我们已开始寻找控制这股人口洪流的方式和方法。但自然可能会在等待我们所有的尝试,以人类自身的创造性思维来对付我们,包括投掷氢弹或一些同等级别的杀伤性装置,有效地控制人口过多的情况。除去我们对自然引以为傲的掌控,我们一如既往的是其受害者,并且尚未学会控制我们自身的天性,从而渐渐地不可避免地招致灾难。

如今已不存在我们可以祈求帮助我们的神明。世界上伟大的宗教正渐渐失去活力,因为有用的守护神已从树林、河流、山间及动物中消逝,而神人已神秘消失于潜意识中。我们猜测他们不光彩地存在于我们过去的废墟中,而我们则依然受我们内心强大的幻觉——伟大的"原因女神"(Déesse Raison)所支配。在她的帮助之下,我们正在做着很多值得赞美的事:我们消除了疟疾,在世界各地创造了安全卫生的环境,其结果是,不发达人口数量快速增长,食物短缺成了严重的问题。"我们已经征服自然"仅仅是一句口号。现实中,我们面临着许多令人焦虑的问题,解决之道尚无从得知。所谓的征服自然以人口过多的自然事实让我们不知所措,并让我们的问题或多或少地变得难以处理，因为在心理上我们无法达成必要的政治协议。人类为了获得对其他人的优越性而发生争吵、冲突和挣扎，这种情况很平常。我们真的已经"征服自然"了吗？

改变必定从某处开始，个体注定要经历并实施这些改变。这种改变需由单个个体发起；这个个体可能是我们中的任何一个。没有人可以袖手旁观并等待其他人来做自己不情愿做的事。因为没有人知道自己能做什么，当没有令人满意的答案出现时，他也许会大胆地问自己，他的潜意识是否碰巧会知道一些有帮助的事。今天的人类痛苦地意识到一个事实，即无论是他们伟大的宗教还是他们多种哲学思想似乎都无法在他们需要面对当前世界局面时，为他们提供可以赋予他们确定性和安全性的有力的观点。

我知道佛教徒们可能会说，也可能切实地去做：如果人们能够遵循崇高的佛法八正道（教义、戒律）并对自己的本性有所洞察该多好；基督教徒们：如果人们能够对上帝拥有正确的信念该多好；理性主义者：如果人们能够变得聪慧且理智该多好——这样的话，所有问题都可以迎刃而解。问题

第七章 治愈分裂

是,这些人中没有人通过自身解决了这些问题。基督教徒总是不解上帝为什么不像过去那样与他们对话。当我听到这样的问题时,我总是想起拉比曾被问道,为何上帝在过去经常现身于世人面前,但现在却再也没有人见到过他。拉比回复说:"如今的世人再无人如此谦卑。"

这个答案一针见血。我们被我们的主观意识所深深迷惑并深陷其中,以至于我们轻易便忘记了古老的事实,即上帝主要通过梦和想象来与我们沟通。佛教徒将潜意识世界视为"分心的事物"及无用的幻觉而加以摒弃;基督徒将教堂和圣经置于自己与自身的潜意识之间;理性主义者尚不知他的意识并不是他的全部心灵,尽管七十多年来潜意识一直是基本的科学观念,并对所有严肃的心理学学生来讲是必不可少的。

我们已无法以全能的神的视角将我们自身视为评判自然现象优缺点的评判者。我们已经不再将植物学建立在有用及无用植物的基础上,或将动物学建立在将动物分为有害的及危险的动物的基础上。但我们始终坚持一个简单的假设,即意识是理性的,而潜意识是非理性的——如同你可以对任何自然现象进行分类似的！例如，细菌是理性的还是非理性的？这种评价仅仅证实了我们思维的可悲状态，即隐藏在狂妄自大外衣下的无知与无能。细菌纵然十分渺小且微不足道，但对其一无所知是愚蠢的。

无论潜意识是什么，它都是一种可以产生象征的自然现象，且这些象征被证实为有意义的。我们无法期待一个从未通过显微镜进行观察的人成为细菌学的权威人士；同样的，从未对自然象征进行过细致研究的人也无法在这方面胜任评判者的职务。但对人类心灵的普遍低估的现象如此严重，以至于无论是伟大的宗教、哲学思想还是科学理性主义都不愿对其进行认真研究。尽管天主教会承认由神赋予的梦境的存在，它的大多数思想家都没有试图了解它们。我同时还怀疑新教是否存在一种对教义的论述，可以"谦卑地"考虑天主在梦中可以被认知的可能性。但如果某些人真的相信上帝，他又如何通过权威观点认为上帝无法通过梦对人们发声呢？

我已花费了半个多世纪的时间对自然象征进行研究，并已得出结论，即梦及其象征并非愚蠢且无意义的。相反的，如果你愿意花时间来理解它们的象征，则梦将为你提供最为有趣的信息。其结果，确实与买卖交易等世俗观念没有多大关系。但人生的意义并非你的经营活动，人类心灵的深切欲望也并非由你的银行账户来得到满足，即使你的世界里只有这两样东西。

当所有可用的能量都被用于研究自然，则极少的关注会被投向人的本质，即他们的心灵，尽管存在许多对意识功能的研究。但真正不为人所知的一部分，也是产生象征的部分，事实上却依然是未经探索的。我们每晚都经由它来接收信号，然而破译这些内容似乎是一个令人讨厌的任务，在整个文明世界里极少数人愿意尝试。人类最伟大的工具，他们的心灵，即使没有被怀疑和轻视，也很少被考虑到。"这只是心理学上的观点"通常意味着：它毫无意义。

这种巨大的偏见到底从何而来？很明显我们太过关注于我们的想法，从而我们彻底忽略了潜意识心灵是如何看待我们的。弗洛伊德曾做过一次严肃的尝试，以阐明为什么潜意识无需更好的评判，他的学说无形中强调并确认了对心灵蔑视的存在。在他之前，仅存在忽略和轻视；而如今它却成为道德垃圾的丢弃场及恐惧的来源。

这种现代观点无疑是单方面且不公正的。它甚至与已知事实不相符。我们对潜意识的知识显示其为一种自然现象，并如同自然本身，它至少是中性的。它包含了人类本性的全部方面——明亮的与黑暗的、美丽的与丑陋的、美好的与邪恶的、深刻的与愚蠢的。研究个体的和集体的象征是一项严峻的任务，并还未被人们掌握。但至少已经起步。迄今为止所取得的成果是令人鼓舞的，并且看上去，它们对许多困扰现代人的问题给出了答案。